中国工程造价咨询行业发展报告
（2016版）

主编◎中国建设工程造价管理协会　参编◎武汉理工大学　中国建设银行

中国建筑工业出版社

图书在版编目（CIP）数据

中国工程造价咨询行业发展报告（2016版）/中国建设工程造价管理协会主编. —北京：中国建筑工业出版社，2017.2
ISBN 978-7-112-20370-3

Ⅰ.①中… Ⅱ.①中… Ⅲ.①工程造价－咨询业－研究报告－中国－2015 Ⅳ.①TU723.3

中国版本图书馆CIP数据核字（2017）第023476号

本报告基于2015年中国工程造价咨询行业发展总体情况，从行业发展现状，行业发展主要环境分析，行业标准体系建设，行业结构分析，行业收入统计分析，行业存在的主要问题、对策及展望，工程造价咨询职业保险制度建设专题报告，建设工程造价管理立法制度建设专题报告和工程造价专业人才发展规划专题报告9个方面进行了全面梳理和分析。此外，报告还列出了2015年大事记、2015年重要政策法规清单、造价咨询行业与注册会计师行业简要对比和典型行业优秀企业简介。

责任编辑：赵晓菲　朱晓瑜
书籍设计：京点制版
责任校对：李欣慰　刘梦然

中国工程造价咨询行业发展报告
（2016版）

主编　中国建设工程造价管理协会
参编　武汉理工大学　中国建设银行

*

中国建筑工业出版社出版、发行（北京海淀三里河路9号）
各地新华书店、建筑书店经销
北京京点图文设计有限公司制版
北京云浩印刷有限责任公司印刷

*

开本：787×1092毫米　1/16　印张：13¼　字数：214千字
2017年2月第一版　2017年2月第一次印刷
定价：**75.00**元
ISBN 978-7-112-20370-3
（29893）

版权所有　翻印必究
如有印装质量问题，可寄本社退换
（邮政编码 100037）

编写委员会

主编：

张兴旺　中国建设工程造价管理协会　理事长助理
方　俊　武汉理工大学　教授

编委：

杨海欧　中国建设工程造价管理协会　高级工程师
朱宝瑞　中国建设工程造价管理协会　副主任
王瑞玢　中国建设银行　处长
杜艳华　郑州航空工业管理学院　讲师
田家乐　江西师范大学　高级工程师
谢莎莎　湖北第二师范学院　讲师
吴雨冰　北京富力城房地产开发有限公司用地合同部　副总经理
陈伟珂　天津理工大学　教授
柯　洪　天津理工大学管理学院　副院长
李成栋　中国建设工程造价管理协会　主任
李　萍　中国建设工程造价管理协会　工程师
王诗悦　中国建设工程造价管理协会　科员

主审：

徐惠琴　中国建设工程造价管理协会　理事长
吴佐民　中国建设工程造价管理协会　秘书长

审查人员：

郭婧娟　北京交通大学经济管理学院　副教授

沈　峰　国际成本工程师协会　中国区主席

李秀平　中信工程项目管理（北京）有限公司　总经理

孙建波　北京佳益工程咨询有限公司　总经理

高秀忠　北京筑标建设工程咨询有限公司　董事长

李协林　北京中立鸿建设工程咨询有限公司　董事长

金常忠　江苏捷宏工程咨询有限责任公司　总经理

朱　涛　信永中和（北京）国际工程管理咨询有限公司　副院长

董劲松　信永中和（北京）国际工程管理咨询有限公司　合伙人

陈　静　北京求实工程管理有限公司　总经理

王　勇　中审世纪工程造价咨询（北京）有限公司　副总经理

赵　伟　中大信（北京）工程造价咨询有限公司　总经理

张　博　吉林兴业建设工程咨询有限公司　总经理

薛秀丽　中国建设工程造价管理协会　副秘书长

黄　维　中国建设工程造价管理协会　高级工程师

Preface 序

  2016年是实施国家"十三五"规划的开局之年,是供给侧结构性改革的深化之年,也是全面落实中央城市工作会议的第一年。我国的经济增长速度放缓,结构向中高端转型,经济形势步入新常态。建筑业和房地产业既面临结构升级、固定资产投资增速放缓,去产能、去库存的改革压力,也面临振兴实体经济、城镇化建设、"一带一路"的改革机遇。在此重要战略机遇期,我国工程造价行业积极适应经济新常态,按照"创新、协调、绿色、开放、共享"的发展理念,坚持贯彻落实"适用、经济、绿色、美观"的建筑方针,通过工程计价制度改革、工程计价依据和工程造价信息化服务,保持了平稳健康的发展。

  中央经济工作会议指出要做好稳增长、促改革、调结构、惠民生、防风险各项工作,坚持稳中求进的总基调,牢固树立和贯彻落实新发展理念,尽管目前工程造价行业的治理体系和治理能力尚需进一步完善,但工程造价行业新的创新点、增长点也在不断形成。我们必须把创新摆在工程造价行业发展的核心位置,坚持科技是第一生产力,创新是发展的第一动力。深入实施创新驱动发展战略,不断推进工程计价依据的理论创新、制度创新、服务创新。正确处理好政府与市场、发包与承包、监管与服务等各种关系,促进工程造价行业整体协调发展。

  《住房城乡建设部关于进一步推进工程造价管理改革的指导意见》(建标[2014]142号)的出台,明确了工程造价管理改革的指导思想、主要目标、主要任务和措施,进一步推动了工程造价管理的市场化改革。各地配合改革意见的出台,立法和制度建设有序推进,安徽、山东等省发布工程造价专门条例和政府令,浙江、重庆等省市积极开展工程造价纠纷调解工作,工程造价管理更加规范。工程造价行业信用体系建设工作正在有序开展,信用管理制度初步建立,行业自律体系已基本形成。为了使工程计价标准体系更加完善并与市场接轨，启动了《建设工程价款结算暂行办法》（财建[2004]369号）的修订工作，发布了《建设工程工程量清单计价规范》（GB 50500—2013）以及对应的9套不同专业的工程量计算规范；各行业、地方定额不断更新，截至2015年底，国家、行业、地方各类定额共发布1600多册，基本满足了市场需要。为了支持和带动工程造价咨询企业走出去，我们组织人员开展了国际化课题研究，积极促进内地造价工程师与香港工料测量师资格互认工作，为注册执业人员与国际接轨创造便利条件。积极推进工程造价数据信息标准完善，保证工程造价数据互联互通，推进建设工程造价数据库、计价软件数据库标准的统一，促进数据共享。

从1996年我国造价工程师执业资格制度和工程造价咨询制度正式成立到今天已经走过了20载，期间我国工程造价专业发展成就显著，造价工程师人数已经超过了15万人，工程造价咨询企业7000多家，年产值过千亿元，工程造价行业在维护建设各方的合法经济权益，确保国家利益和社会公共利益等方面发挥了重要作用。随着政府简政放权、全面深化改革工作的不断推进，工程造价行业执业资格制度也进行着重大的改革，国务院已经下文取消了造价员职业资格，保留了造价工程师作为国家准入类职业资格。中国建设工程造价管理协会（简称"中价协"）受住房和城乡建设部标准定额司的委托，研究起草了造价工程师执业资格改革工作方案，修订完善了《造价工程师执业资格制度暂行规定》（[1997]77号）和《造价工程师考试管理办法》，造价工程师执业资格制度将为我国社会主义经济和国家投资服务继续发挥重要的作用。

中价协组织行业专家编写行业发展报告，旨在介绍工程造价行业的发展状况，为行业内外从业人员了解工程造价咨询行业发展提供重要参考材料。前两版报告的出版，得到业内人士的认可，反响很好，相比前两版的报告，2016版报告已经趋于成熟，架构更加完整，思路更加清晰。在此，也再次感谢课题承担单位武汉理工大学的编制团队，感谢为报告的编制辛勤付出的行业专家们。中价协多年来同各级工程造价管理机构、各地造价协会一起，在前瞻性课题研究、执业资格管理、人才培养、行业基础建设、行业自律管理、国际交流等方面不断努力，取得了显著的成绩，随着脱钩改制工作的不断推进，未来我们将全面贯彻党的十八大和十八届三中、四中、五中、六中全会精神，认真学习贯彻习近平总书记系列重要讲话精神，贯彻落实中央经济工作会议和中央城市工作会议的决策部署，进一步增强服务政府、服务社会和服务会员的能力，为工程造价事业的不断发展贡献力量。

徐惠琴

2016年1月10日

CONTENTS 目录

001 **第一章　行业发展现状**

001 　　第一节　基本情况
001 　　　　一、企业总体情况
001 　　　　二、从业人员总体情况
002 　　　　三、收入总体情况
002 　　　　四、盈利总体情况
003 　　第二节　行业相关政策法规及主要成果
003 　　　　一、相关政策法规、专业标准规范的制定与修订
007 　　　　二、行业监管与自律
009 　　　　三、行业相关课题研究
009 　　　　四、行业人才培养

012 **第二章　行业发展主要环境分析**

012 　　第一节　经济环境
012 　　　　一、宏观经济环境
014 　　　　二、建筑业经济形势
015 　　　　三、房地产业经济形势
017 　　第二节　社会环境
017 　　　　一、供给侧改革
018 　　　　二、政府简政放权和行政审批制度改革

019		三、大数据、"互联网+"等信息技术普及
019		四、社会信用体系建设
020	第三节	政策环境
020		一、投融资政策
027		二、行业发展主要政策
029	第四节	市场环境
029		一、市场需求环境
032		二、市场供给环境

034　第三章　行业标准体系建设

034	第一节	总体情况与建设成就
034		一、总体情况
036		二、建设成就
037	第二节	地方标准建设
037		一、地方标准建设总体情况
039		二、地方标准建设情况分析

041　第四章　行业结构分析

041	第一节	企业结构分析
041		一、2015年企业结构情况分析

045	二、2013~2015年度企业结构总体情况概述
046	三、2013~2015年度企业结构指标统计情况对比分析
051	第二节　从业人员结构分析
051	一、2015年从业人员构成情况分析
054	二、2013~2015年度从业人员结构总体情况概述
054	三、2013~2015年度从业人员构成统计情况对比分析
061	第三节　市场集中度分析
061	一、2013~2015年度市场规模总体情况概述
062	二、2015年市场集中度分析
067	三、2013~2015年度市场集中度对比分析

070　第五章　行业收入统计分析

070	第一节　营业收入统计分析
070	一、整体营业收入统计分析
081	二、按业务类别分类的营业收入统计分析
088	第二节　工程造价咨询业务收入统计分析
088	一、按专业分类的工程造价咨询业务收入统计分析
096	二、按工程建设阶段分类的工程造价咨询业务收入统计分析
104	第三节　企业盈利统计分析
104	一、2015年企业盈利统计分析
107	二、2013~2015年企业盈利对比分析

110　第六章　行业存在的主要问题、对策及展望

110	第一节　行业存在的主要问题
110	一、行业管理改革有待深化
111	二、行业低价恶性竞争加剧
111	三、地区封锁和行业垄断亟待破除

- 112 　　　　四、区域发展不平衡现象依旧严重
- 112 　　　　五、行业国际化进展迟缓
- 113 　　第二节　行业应对策略
- 113 　　　　一、制度建设与行业自律相结合，不断完善行业监管制度
- 114 　　　　二、进一步拓展执业深度和广度
- 115 　　　　三、不断提高企业管理水准及市场竞争活力
- 116 　　　　四、深化行业信息化建设
- 117 　　　　五、建立适应改革发展需要的人才培养新模式
- 118 　　第三节　行业发展展望
- 118 　　　　一、推进工程造价管理立法及制度建设
- 119 　　　　二、加强诚信体系建设及行业自律
- 120 　　　　三、促进工程造价咨询业创新发展
- 121 　　　　四、打造行业领军品牌企业
- 121 　　　　五、全面推进工程造价咨询国际化战略
- 121 　　　　六、扩大行业对外交流与合作
- 122 　　　　七、重视行业党建和文化建设

- 123 **第七章　工程造价咨询职业保险制度建设专题报告**
- 123 　　　　一、建立工程造价咨询职业保险制度的必要性和可行性
- 125 　　　　二、工程造价咨询职业风险转移方式的选择
- 132 　　　　三、工程造价咨询职业保险制度的构建及实施建议

- 135 **第八章　建设工程造价管理立法制度建设专题报告**
- 135 　　　　一、我国建设工程造价管理的立法现状
- 137 　　　　二、我国建设工程造价立法存在的问题
- 141 　　　　三、国外建设工程造价管理立法经验
- 142 　　　　四、我国建设工程造价专门立法的必要性和可行性

144		五、立法建议

148	**第九章**	**工程造价专业人才发展规划专题报告**
148		一、行业人才建设面临的形势
149		二、工程造价专业人才培养与发展的战略框架
152		三、主要措施
154		四、建立人才培养体系
156		五、组织保障

160	附录一	2015年大事记

172	附录二	2015年重要政策法规清单

175	附录三	造价咨询行业与注册会计师行业简要对比

180	附录四	典型行业优秀企业简介
180		北京兴中海建工程造价咨询有限公司
184		江苏正中国际工程咨询有限公司
187		上海沪港建设咨询有限公司
192		天津广正建设项目咨询股份有限公司
196		四川开元工程项目管理咨询有限公司

第一章 行业发展现状

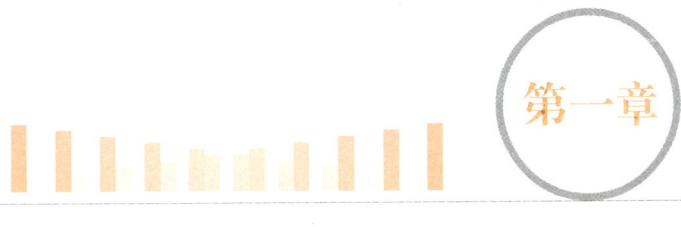

2015年是我国"十二五"规划的收官之年，国内经济逐步步入增速趋缓、结构趋优、动力转换的"新常态"。工程造价咨询业紧紧围绕国家对行业发展的新要求，认真贯彻落实住房和城乡建设部《关于进一步推进工程造价管理改革的指导意见》精神，在行业改革、信用体系建设、标准体系建设、信息化建设等方面取得了丰硕成果。

第一节 基本情况

一、企业总体情况

2015年全行业共有7107家造价咨询企业，其中甲级资质企业3021家，占比42.51%；乙级资质企业4086家，占57.49%。分布情况：各地区共计6874家，各行业共计233家。同时，7107家造价咨询企业中有2069家专营工程造价咨询企业，占29.11%；兼营工程造价咨询业务且具有其他资质的企业有5038家，占70.89%。

二、从业人员总体情况

2015年末，工程造价咨询企业从业人员414405人。其中，正式聘用员工381518人，占92.06%；临时聘用人员32887人，占7.94%。

2015年末，工程造价咨询企业共有注册造价工程师73612人，占全部工程

中国工程造价咨询行业发展报告（2016版）

造价咨询企业从业人员17.76%；造价员108624人，占26.21%。

2015年末，工程造价咨询企业共有专业技术人员282563人，占全部工程造价咨询企业从业人员68.18%。其中，高级职称人员59571人，中级职称人员146194人，初级职称人员76798人，各类职称人员占专业技术人员比例分别为21.08%、51.74%、27.18%。

三、收入总体情况

2015年工程造价咨询企业的营业收入为1075.86亿元。其中工程造价咨询业务收入512.74亿元，占47.66%；招标代理业务收入113亿元；建设工程监理业务收入225.17亿元；项目管理业务收入158.97亿元；工程咨询业务收入65.97亿元。

上述工程造价咨询业务收入中：

按工程建设的阶段划分，前期决策阶段咨询业务收入49.96亿元、实施阶段咨询业务收入131.82亿元、竣工决算阶段咨询业务收入187.12亿元、全过程工程造价咨询业务收入123.32亿元、工程造价经济纠纷的鉴定和仲裁的咨询业务收入8.61亿元，各类业务收入占工程造价咨询业务收入比例分别为9.74%、25.71%、36.49%、24.05%和1.68%。此外，其他工程造价咨询业务收入11.9亿元，占2.32%。

按所涉及专业划分，房屋建筑工程专业收入301.23亿元，占全部工程造价咨询业务收入比例为58.75%；市政工程专业收入75.03亿元，占14.63%；公路工程专业收入22.40亿元，占4.37%；火电工程专业收入13.23亿元，占2.58%；水利工程专业收入11.30亿元，占2.20%；其他各专业收入合计89.57亿元，占17.47%。

2015年工程造价咨询企业完成的工程造价咨询项目所涉及的工程造价总额约28.47万亿元。

2015年排名前百位工程造价咨询企业业务收入合计100.90亿元，同比增长2.26%。收入排名第1位的企业收入3.41亿元，收入排名第100位的企业收入由2013年的4821万元增至5719.2万元。

四、盈利总体情况

据统计，2015年上报的工程造价咨询企业实现利润总额103.61亿元，上缴所得税合计 25.02 亿元。

我国工程造价咨询企业 2014 年实现利润总额达 103.88 亿元，2013 年实现利润总额 82.81 亿元；2012 年实现利润总额 72.91 亿元。从企业利润总额的变化趋势来看，2015 年比 2014 年下降了 0.26%，2014 年比 2013 年增长了 25.44%，2013 年比 2012 年增长了 13.58%。

第二节　行业相关政策法规及主要成果

一、相关政策法规、专业标准规范的制定与修订

国家发展和改革委员会发布 2015 年第 25 号令《基础设施和公用事业特许经营管理办法》。

住房和城乡建设部（以下简称"住建部"）发布了《建设工程造价咨询规范》(GB/T51095—2015)，颁布了《建筑业企业资质管理规定》；组织修订了《房屋建筑与装饰工程消耗量定额》(TY01—31—2015)、《通用安装工程消耗量定额》(TY02—31—2015)、《市政工程消耗量定额》(ZYA1—31—2015)、《建设工程施工机械台班费用编制规则》以及《建设工程施工仪器仪表台班费用编制规则》，并修改了《房地产开发企业资质管理规定》。

住建部和国家工商总局联合发布了《建设工程造价咨询合同（示范文本）》(GF—2015—0212)。

住建部标准定额司、城市建设司组织住建部标准定额所和上海市政工程设计研究总院等单位编制完成了《城市综合管廊工程投资估算指标》，住建部标准定额所组织编制了《全国统一建筑安装工程工期定额》。

住建部标准定额司和标准定额研究所组织了 2015 版"国家定额"修编工作。此次定额修编是以旧版"全国统一预算定额"和 2013 版"工程量清单计算规范"为基础，通过重新设置定额项目和确认消耗量，使定额达到科学合理、简明适用，2015 版"国家定额"为消耗量定额，分《房屋建筑与装饰工程消耗量定额》1 册、《通用安装工程消耗量定额》12 册、《市政工程消耗量定额》11 册、《建设工程施

工机械台班费用编制规则》1册、《建设工程施工仪器仪表台班费用编制规则》1册等。

中国建设工程造价管理协会（以下简称"中价协"）协助住建部稳步推进《工程造价咨询企业管理办法》（建设部令第149号）修订工作，编制并发布了《中国工程造价咨询行业发展报告（2015版）》，并承担国标《建设项目工程结算编审规范》和《建设工程造价鉴定规范》的编制工作。中价协化工委对《化工建筑安装工程预算定额》修编方案进行了专题研究。

北京市建设工程造价管理处组织主编2015版"国家定额"第九册《消防工程》266个子目，参编2015版"国家定额"第七册《通风空调工程》464个子目和2015版"国家定额"第十册《给排水、采暖、燃气工程》2034个子目。

上海市城乡建设和管理委员会组织编制并发布《上海市建设工程工程量数据文件标准》（VER1.0—2015），规定了工程量清单数据文件的格式和数据标准，为相关计价和招投标软件的开发提供了依据。依据《上海市建设工程竣工结算文件备案管理办法（试行）》（沪建管[2015]451号），制定了《上海市建设工程竣工结算清单文件数据标准（2015-Ver1.0）（征求意见稿）》，发布了《工程量清单数据文件标准校验及数字签名工具》并完成《工程量清单投标报价计算机分析报告》。上海市建设工程交易中心发布了《工程量清单数据文件标准校验工具》。

天津市城乡建设委员会颁发了《天津市建筑工程工程量清单计价指引》、《天津市装饰装修工程工程量清单计价指引》和《天津市安装工程工程量清单计价指引》，制定了《天津市建设工程评标专家和评标专家库管理办法》和《天津市建设工程招标投标活动投诉处理办法》。

重庆市城乡建设委员会组织修订《重庆市建设工程造价管理规定》、《重庆市国有资金投资建设工程施工招标投标最高限价编制和审查管理暂行规定》和《重庆市国有资金投资建设工程合理价格组成及合理低价投标报价暂行规定》，发布了《重庆市建设工程造价技术经济指标采集与发布标准》。

河北省住房和城乡建设厅组织编制了《河北省建筑安装工程节能项目消耗量定额》和《河北省建筑安装工程节能项目消耗量定额工程量计算规则》。河北省工程建设造价管理总站颁布了《河北省建设工程工期定额》。全省于2015年1月

1日开始施行《河北省建筑工程造价管理办法》。

浙江省建设工程造价管理总站和造价协会对《浙江省工程造价咨询企业信用评价细则》进行了补充和修改完善；浙江省建设工程造价管理总站制定了《浙江省工程造价咨询成果文件质量检查管理规定（试行）》和《浙江省建设工程造价管理指导服务工作方案》，编制了《浙江省建筑工程加固预算定额》补充说明。

安徽省住房和城乡建设厅组织编制了《安徽省工业化建筑计价定额》。

福建省造价协会为了适应工程建设需求，合理确定工程造价，颁发了外墙悬挑式钢管脚手架等14项补充定额，调整了《福建省建筑工程消耗量定额》，修订了《工程造价咨询成果文件质量评分标准》，组织相关单位修编了《房屋建筑与装饰工程工程量计算规范》（2013版）福建省实施细则和《构筑物工程工程量计算规范》（2013版）福建省实施细则，以及《福建省房屋建筑与装饰工程预算定额》（2015版）和《福建省构筑物工程预算定额》（2015版），并委托单位编制了《福建省古建筑修复保护预算定额（征求意见稿）》。

江西省建设工程造价管理局组织编制了江西省"长螺旋钻孔压灌桩补充定额项目"（试行）、"旋挖钻机成孔灌注桩"（试行）、"卷扬机带冲击锥冲孔桩"（试行）等相关补充定额子目，发布了《现浇混凝土塑料复合模板》定额补充项目（试行）。通过考察湖南、湖北、安徽、福建、浙江、广东省工程造价咨询服务收费标准，结合江西省工程造价行业实际情况，制定了《江西省工程造价咨询服务收费标准》。

江苏省建设工程造价管理总站修正了《江苏省市政工程计价定额》和《江苏省建筑与装饰工程计价定额》勘误；调整和增加了江苏省建筑与装饰、安装、市政计价定额（2014版）机械的台班单价组成。

山东省住房和城乡建设厅发布了《山东省工程建设标准化管理办法（草案征求意见稿）》。山东省标准定额站编制完成了《山东省市政工程消耗量定额》、《山东省安装工程消耗量定额》、《山东省园林绿化工程消耗量定额》、《山东省市政工程消耗量定额项目划分稿》（初稿），发布了《山东省装配整体式混凝土结构建筑工程补充定额（试行）》。

湖北省建设工程造价咨询协会组织协会部分专家对《湖北省工程造价咨询企业信用评价管理办法》进行了调整和修改，形成了《湖北省工程造价咨询企业信用评价管理办法》，并启用湖北省工程造价咨询企业信用档案管理系统。

河南省建筑工程标准定额站发布了《复合保温钢筋焊接网架混凝土墙（CL建筑体系）补充定额（试行）》，落实《关于河南省建设工程标准定额造价培训机构管理办法（征求意见稿）》；河南省住房与城乡建设厅征求了《河南省住房城乡建设领域违法违规行为转查督办办法》意见。

湖南省住房和城乡建设厅编制了《湖南省装配式混凝土——现浇剪力墙结构住宅计价依据》；湖南省建设工程造价管理协会举办甲级工程造价咨询企业《BIM技术与应用》研讨会；湖南省建设工程造价管理总站组织制定了《湖南省建设工程材料价格信息员管理办法》，编纂了2015卷《湖南建设造价年鉴》。

广西壮族自治区住房和城乡建设厅颁布了《建设工程工程量计算规范（GB 50854～50862—2013）广西壮族自治区实施细则（修订本）》以及2015年《广西壮族自治区安装工程消耗量定额》和《广西壮族自治区安装工程费用定额》。

四川省建设工程造价管理总站主编的《四川省建设工程造价电子数据标准》通过了四川省住房和城乡建设厅组织的专家审查，批准为四川省推荐性工程建设地方标准，标准号为DBJ51/T048—2015，自2016年1月1日起在全省实施；发布了2015年《四川省建设工程工程量清单计价定额》，开通了《四川省建设工程计价咨询网上预约系统》，调整广汉等14个市、州2015年《四川省建设工程工程量清单计价定额》人工费计价定额。

云南省住房和城乡建设厅标准定额处组织编制了《境外工程使用云南省建设工程造价计价依据技术导则》，修订了《〈全国建设工程造价员管理办法〉云南省实施细则》，发布了《云南省2013版建设工程造价计价依据编制说明及解释汇编》。

甘肃省住房和城乡建设厅组织编制了《甘肃省建筑工程概算定额》（DBJD25—58—2015）及《甘肃省安装工程概算定额》（DBJD25—59—2015）；制定了《甘肃省建筑安装工程概算费用定额》（建筑安装工程费用）。

新疆维吾尔自治区住房和城乡建设厅对现行建筑工程计价定额实施情况进行调研，在调查测算基础上编制完成了《新疆维吾尔自治区建筑安装工程补充消耗量定额》及《乌鲁木齐地区单位估价表》；自治区工程造价管理总站组织修订了2014年新疆维吾尔自治区园林绿化计价依据，包括《新疆维吾尔自治区园林绿化工程消耗量定额》、《新疆维吾尔自治区园林绿化工程消耗量定额》、《新疆维吾尔自治区园林绿化工程费用定额》。

宁夏回族自治区建设工程造价管理站按照《关于推进我区工程造价管理改革的实施意见》精神，经调研测算，补充编制了《商品混凝土道路路面定额》。

内蒙古自治区住房和城乡建设厅组织修编了2015版《内蒙古自治区建设工程计价依据》，发布了《ICF外墙外保温工程补充定额》和《既有居住建筑节能改造EPS模块外墙保温工程补充定额》，调整了2014版《内蒙古自治区园林绿化养护工程预算定额》人工工资单价。

二、行业监管与自律

中价协受住建部标准定额司委托，研究制定了《工程造价行业信用信息管理办法》，建立了工程造价咨询企业和个人信用档案，明确了信用档案的内容，规定了良好和不良行为的具体标准，建立了查询、披露和使用制度。搭建了全国统一的工程造价咨询行业信用信息平台，增加了业绩信息、信用信息的采集、加工和发布功能，形成了信用档案信息。为完善行业自律制度建设，制定了《会员执业违规行为惩戒暂行办法》，明确惩戒的具体程序和标准，配套相关惩戒细则，使办法更具可操作性；制定了《造价工程师职业道德守则》、《造价咨询企业执业行为准则》及《工程造价行业行为规范》。

中价协获批商务部和国资委第十二批行业信用评价参与单位，并完成相关制度建设，在江西省南昌市组织召开了工程造价咨询企业信用评价试点工作会议，会后各试点单位按照《信用评价试点工作实施方案（试行）》的统一要求开展了信用评价工作。

中价协组织开发的工程造价咨询企业信用评价管理系统已基本建成。为确保信用评价工作顺利实施，中价协于2015年2月4～5日召开了系统测试会，来自天津、江西、广东、江苏、四川等省级造价管理机构、造价协会、建设银行以及工程造价咨询企业代表参与了测试，讨论了《信用评价试点工作实施方案》、《信用评价委员会管理办法》及《造价咨询企业信用评价标准条款说明》。

上海市住房和城乡建设管理委员会征求了《上海市推进建筑业发展和改革实

中国工程造价咨询行业发展报告（2016版）

施方案》修订意见，并开展在沪建筑业企业信用评价工作；上海市建筑建材业市场管理总站于2015年7～10月对本市工程造价咨询企业开展了咨询质量与计价行为专项检查。

重庆市建设工程造价管理协会对《重庆市建设工程造价咨询行业自律公约》部分条款进行了修改。

河北省住房和城乡建设厅印发了《河北省工程建设企业标准监督管理办法》。为进一步加强全省工程造价监督管理，规范工程造价咨询企业和从业人员市场行为，提升造价咨询工作质量，促进行业健康发展，河北省住房和城乡建设厅开展了全省工程造价咨询企业动态监督检查工作。

辽宁省建设工程造价管理总站征求了"辽宁工程造价信息库"修改意见；辽宁省建设工程造价管理协会开展了2015年度工程造价咨询企业信用评价活动。

浙江省住房和城乡建设厅开展了《关于规范建设工程施工招标文件计价条款的指导意见》起草工作，制定了《浙江省省外建筑业企业和中介服务机构备案管理暂行办法》和《浙江省建设工程结算价款争议行政调解办法》。

江西省工程造价协会在南昌召开了2015年第二次会长办公扩大会议，汇报了《江西省工程造价协会章程》（修正案）、《江西省工程造价咨询企业自律公约》（修正案）以及省协会评优评先、行业自律检查处理结果等内容；江西省住房和城乡建设厅制定了《江西省住房城乡建设系统行政处罚自由裁量权细化标准（试行）》。

山东省住房和城乡建设厅研究制定了《山东省建筑市场监管与诚信信息系统基础数据库管理办法（试行）》、《山东省建筑市场监管与诚信信息数据结构与代码标准（试行）》。

湖北省住房和城乡建设厅开展了工程造价咨询企业执业质量检查，检查实行百分制，60分以下为不合格。对不合格企业，责令其限期整改。对存在违法违规行为的企业，依法给予行政处罚。

广东省建设工程造价管理总站组织制定了《广东省建设工程计价依据应用书面解释管理规定》；印发了《广东省工程造价咨询企业信用评价试点工作实施方案》，标志着广东工程造价咨询企业信用评价工作正式启动。

甘肃省建设工程造价管理总站与广东华联建设投资管理股份有限公司联合举

办了 2015 甘肃省甲级工程造价咨询企业《中价协信用评价体系管理办法及信息化管理系统应用》研讨会。

三、行业相关课题研究

在顺利完成工程造价行业"十二五"规划编制的基础上，中价协承担了《工程造价行业"十三五"规划》的编制任务。为科学制订工程造价行业"十三五"规划，准确把握"十三五"时期发展环境的新变化和发展阶段的新特征，该规划立足于当前、立足于现实，结合绿色建筑发展、建筑业转型升级以及"一带一路"战略等，对工程造价行业今后五年的指导思想、发展战略和工作任务提出了合理规划，力争使规划更具有科学性、前瞻性、指导性和可操作性。目前"十三五"规划已完成初稿，2015 年 9 月 21 日受住建部标准定额司委托，中价协组织召开了《工程造价行业"十三五"规划（初稿）》（以下简称《规划》）审查会，对《规划》编制成果进行初审。

中价协组织沈阳建筑大学和辽宁省建设工程造价管理总站联合承担了"注册造价工程师行业自律管理研究"课题的编制工作。该课题旨在通过对注册造价工程师行政许可制度改革趋势进行研究，分析我国注册造价工程师行业自律管理存在的不足，重点围绕如何做好与改革的衔接，创新行业协会管理新模式，提出注册造价工程师行业自律管理新机制、新模式，并提出可操作、可实现的对策和建议。另外，会议还对中价协标准学术部牵头组织编制的《建设项目非标准设备工程计价指南》（以下简称《指南》）大纲方案进行了专题研究。

住建部组织专家在京召开了《工程造价专业人才培养与发展战略研究》审查会。课题通过对国内外相关专业人士管理制度的对比分析，剖析了我国工程造价专业人才培养与发展的瓶颈问题，提出了工程造价专业人才的规模及能力目标以及工程造价专业人才的能力范围和标准，并对现阶段工程造价专业人才培养及管理模式等方面进行了深入研究。

四、行业人才培养

中价协在北京面向会员召开了针对移动互联网应用的专题讲座。

中价协在深圳市举办了香港测量师学会会员互认的内地造价工程师继续教育培训班。

中价协在重庆市召开"工程造价信息化战略研究成果发布及研讨会",邀请业内专家就做好工程造价信息化的顶层设计,BIM、大数据等现代信息技术对工程造价管理的影响进行交流研讨。

中价协在湖北宜昌市召开全国造价工程师继续教育与专业人才培养工作会议。

中价协联合中华全国律师协会,在湖南省律师协会的协助下在湖南省召开了"工程造价鉴定与司法实践研讨会",来自全国的工程造价行业代表、律师行业代表、司法系统工作者300余人参加了本届盛会,为行业间的跨界交流搭建了互动平台。

中价协在北京市召开工程造价咨询企业核心人才培训与交流会议,来自各地区的工程造价咨询企业法定代表人和技术负责人近240人参会,本次会议为推动工程造价咨询企业提升核心竞争力,促进企业做好核心人才培养工作提供了发展思路。

由中价协主办、天津理工大学管理学院承办、住建部标准定额司监督指导的"2015年工程造价管理机构技术骨干培训班"顺利举办。

首届"全国高等院校工程造价技能及创新竞赛"在江苏徐州(高职组)和天津(本科组)成功举办。

中价协作为主要协办单位,在宁夏银川成功举办"内地与香港建筑业论坛"。来自内地与香港建设主管部门、专业团体和企业界人士约400人共聚塞上湖城,共商"一带一路"的发展理念和未来特色城市建设发展之路。

上海市建设工程咨询行业协会为引导会员单位顺应新常态下建设工程咨询行业的改革大势在复兴世纪广场举办"推进建筑业发展与改革"系列专题讲座。

重庆市建设工程造价管理协会为促进BIM技术在行业内的落地应用,连续开展了三期BIM技术应用基础培训班。

河北省造价总站组织全省技术骨干参加了《房屋建筑与装饰工程消耗量定额》、《通用安装工程消耗量定额》、《市政工程消耗量定额》、《建设工程施工机械台班费用编制规则》、《建设工程施工仪器仪表台班费用编制规则》定额宣贯会议。

吉林省建设工程造价管理协会在长春召开国家标准《建设工程造价咨询规范》宣贯会议。

浙江省建设工程造价管理协会开展在杭省（部）属单位造价员网络继续教育培训活动。

安徽省造价管理协会在合肥举办了"2015安徽省工程造价咨询企业未来发展之路"高峰论坛，围绕工程造价咨询企业未来发展之路进行了深入探讨。

江西省建设工程造价管理局组织全省设区市造价站工作人员赴北京广联达软件股份有限公司考察和调研BIM技术行业普及及应用情况。

河南省注册造价工程师协会组织各市工程造价员管理机构对2015年度全省工程造价员资格考试合格人员进行初始教育。

湖南省造价总站在长沙举办全省典型工程造价指标填报及审核培训会议。

第二章 行业发展主要环境分析

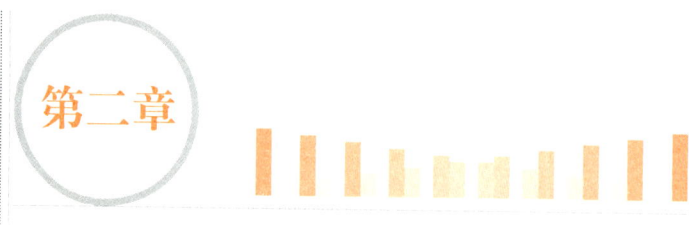

第一节 经济环境

一、宏观经济环境

(一) 经济总量、结构

2015年全年国内生产总值676708亿元，比上年增长6.9%。增速比2014年下滑0.5个百分点。其中，第一产业增加值60863亿元，增长3.9%；第二产业增加值274278亿元，增长6.0%；第三产业增加值341567亿元，增长8.3%。第一产业增加值占国内生产总值的比重为9.0%，第二产业增加值所占比重为40.5%，第三产业增加值所占比重为50.5%，首次突破50%。全年人均国内生产总值49351元，比上年增长6.3%。全年国民总收入673021亿元。

从2015年全国国内生产总值增速比2014年下滑0.5个百分点，可以看出，宏观经济环境呈现增速减缓的趋势。

(二) 固定资产投资

2015年固定资产投资绝对数量在增长，但是增长速度比2014年均有下滑。

2015年全社会固定资产投资562000亿元，比上年增长9.8%，扣除价格因素，实际增长11.8%。其中，固定资产投资（不含农户）551590亿元，增长10.0%。分区域看，东部地区投资232107亿元，比上年增长12.4%；中部地区投资 143118 亿元，增长 15.2%；西部地区投资 140416 亿元，增长 8.7%；东北地区投资 40806 亿元，下降 11.1%。

在固定资产投资（不含农户）中，第一产业投资 15561 亿元，比上年增长 31.8%，增速较 2014 年下滑 2.1 个百分点；第二产业投资 224090 亿元，增长 8.0%，增速较 2014 年下滑 5.2 个百分点；第三产业投资 311939 亿元，增长 10.6%，增速较 2014 年下滑 6.2 个百分点，是三个产业中增速下降最大的一个产业。基础设施投资 101271 亿元，增长 17.2%，占固定资产投资（不含农户）的比重为 18.4%（图 2-1）。民间固定资产投资 354007 亿元，增长 10.1%，占固定资产投资（不含农户）的比重为 64.2%。高技术产业投资 32598 亿元，增长 17.0%，占固定资产投资（不含农户）的比重为 5.9%。

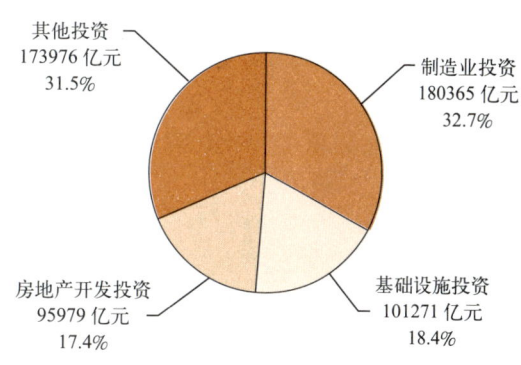

图2-1　2015年按领域分固定资产投资（不含农户）及其占比

2015 年全国 30 个省市中（不含西藏），固定资产投资（不含农户）较上年正增长的有 28 个，工程造价咨询行业整体营业收入较上年正增长的有 25 个，固定资产投资和行业整体营业收入增长呈正相关的有 25 个，正相关率达 83.3%（图 2-2）。

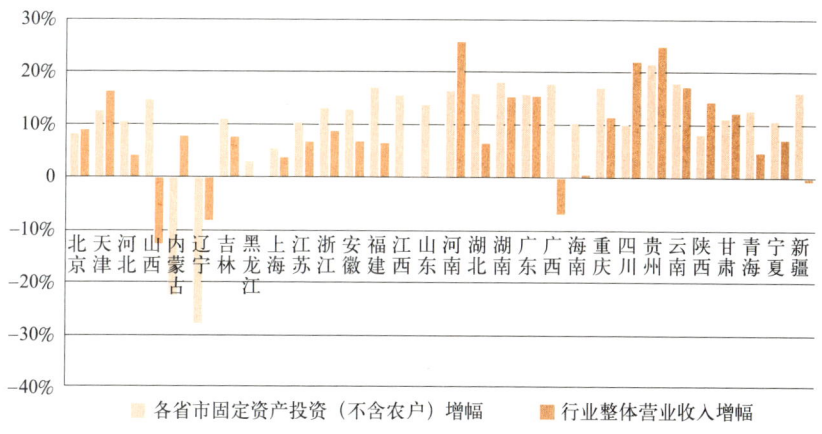

图2-2　2015年各省市固定资产投资和造价咨询行业整体营业收入增长率对比图

(三) 经济进入新常态

2015 年 3 月 30 日，习近平同志强调中国经济发展已经进入新常态，向形态更高级、分工更复杂、结构更合理阶段演化。步入"新常态"下的中国经济，面临着"四降一升"的棘手现实——经济增速下降、工业品价格下降、实体企业盈利下降、财政收入增幅下降、经济风险发生概率上升，挑战前所未有。

新常态是对我国经济发展阶段性特征的高度概括，是对我国经济转型升级的规律性认识，是制定当前及未来一个时期我国经济发展战略和政策的重要依据。我国经济发展进入新常态后，增长速度正从高速增长转向中高速增长，经济发展方式正从规模速度型粗放增长转向质量效率型集约增长，经济结构正从增量扩能为主转向调整存量、做优增量并存的深度调整，经济发展动力正从传统增长点转向新的增长点。面对经济发展新常态，既要深化理解、统一认识，又要坚持发展、主动作为，努力做到观念上适应、认识上到位、方法上对路、工作上得力，切实把思想和行动统一到中央的认识和判断上来，不断增强调结构、转方式的自觉性和主动性。

经济新常态下，工程造价咨询企业也应该做好充分的准备，顺应国家发展战略，调整行业发展思路和行业结构，保证行业顺利地发展。

二、建筑业经济形势

2015 年中国建筑业总产值、增加值的增速大幅度跳水。2015 年全社会建筑业增加值 46456 亿元，比上年增长 6.8%。全国具有资质等级的总承包和专业承包建筑业企业实现利润 6508 亿元，增长 1.6%，其中国有控股企业 1676 亿元，增长 6.0%。据国家统计局公布的数据显示，2015 年全国建筑业总产值达 180757 亿元，比上年增长 2.3%。与 2014 年增长 10.2% 相比，2015 年建筑业总产值增速首次跌到个位数，且增速大幅跳水。2015 年全国建筑业房屋建筑施工面积 124.3 亿 m^2，比上年下滑 0.6%，工程量继续萎缩。全年对外承包工程业务完成营业额 9596 亿元，按美元计价为 1541 亿美元，比上年增长 8.2%。对外劳务合作派出各类劳务人员 53 万人，下降 5.7%。

以 2012 年数据为基准，全国固定资产投资（不含农户）在 2013 年、2014 年和 2015 年较上年的实际增幅分别是 19.2%、15% 和 12%，建筑业总产值在 2013 年、2014 年和 2015 年较上年的增幅分别是 16.1%、10.92% 和 2.29%，造价咨询行业整体营业收入总额在 2013 年、2014 年和 2015 年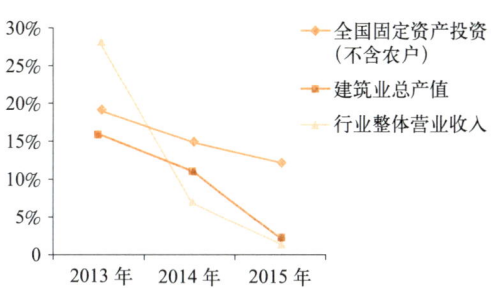

图2-3 全国固定资产投资、建筑业总产值、行业整体营业收入年增长率变化图（以2012年为基准）

较上年的增幅分别是 28.24%、6.91% 和 1.44%（图 2-3）。将 2015 年各省市建筑业产值占全国建筑业总产值的比例与各省市行业整体营业收入占全国行业整体营业收入的比例进行线性对比，两条趋势线基本吻合（图 2-4），说明工程造价咨询行业受建筑业发展影响较大。

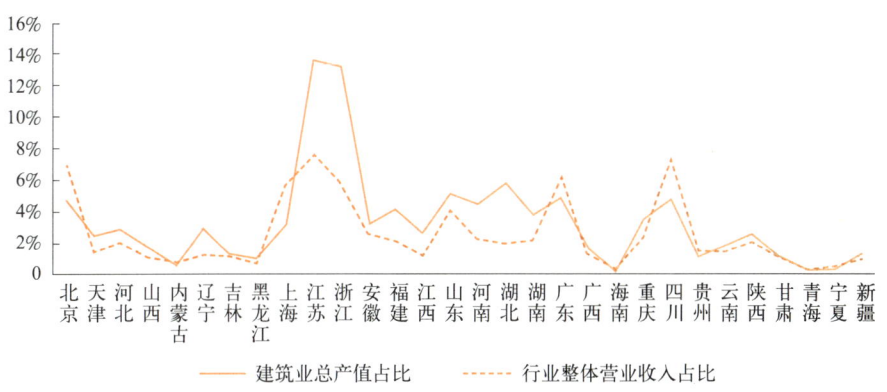

图2-4 2015年各省市造价咨询行业整体营业收入占全国比例与建筑业总产值占全国比例比较情况

三、房地产业经济形势

房地产行业告别高速增长，行业改革需求加大。2015 年房地产开发投资 95979 亿元，比上年增长 1.0%。其中，住宅投资 64595 亿元，增长 0.4%；办公楼投资 6210 亿元，增长 10.1%；商业营业用房投资 14607 亿元，增长 1.8%。全年全国城镇保障性安居工程基本建成住房 772 万套，新开工 783 万套，其中棚户区改造开工 601 万套。

2015 年，房屋新开工面积 154454 万 m^2，比上年下降 14.0%，其中住宅新开工面积下降 14.6%。全国商品房销售面积 128495 万 m^2，比上年增长 6.5%，其中住宅销售面积增长 6.9%。全国商品房销售额 87281 亿元，比上年增长 14.4%，其中住宅销售额增长 16.6%。房地产开发企业土地购置面积 22811 万 m^2，比上年下降 31.7%。2015 年 12 月末，全国商品房待售面积 71853 万 m^2，比上年末增长 15.6%。全年房地产开发企业到位资金 125203 亿元，比上年增长 2.6%。业内人士认为，在新常态下，面对错综复杂的国际形势和不断加大的经济下行压力，投资结构将会逐步变化，这些变化必然会带来行业增速的下滑。

2015 年，东部地区房地产开发投资 49673 亿元，比上年增长 4.3%，增速比 1～11 月回落 0.8 个百分点；中部地区投资 19122 亿元，增长 4.4%，增速回落 0.2 个百分点；西部地区投资 21709 亿元，增长 1.3%，增速提高 0.2 个百分点；东北地区投资 5475 亿元，下降 28.5%，降幅扩大 0.6 个百分点。

2015 年，房地产开发企业房屋施工面积 735693 万 m^2，比上年增长 1.3%，增速比 1～11 月回落 0.5 个百分点。其中，住宅施工面积 511570 万 m^2，下降 0.7%。房屋新开工面积 154454 万 m^2，下降 14.0%，降幅收窄 0.7 个百分点。其中，住宅新开工面积 106651 万 m^2，下降 14.6%。房屋竣工面积 100039 万 m^2，下降 6.9%，降幅扩大 3.4 个百分点。其中，住宅竣工面积 73777 万 m^2，下降 8.8%。

2015 年，房地产开发企业土地购置面积 22811 万 m^2，比上年下降 31.7%，降幅比 1～11 月收窄 1.4 个百分点；土地成交价款 7622 亿元，下降 23.9%，降幅收窄 2.1 个百分点。

2015 年，房地产开发企业到位资金 125203 亿元，比上年增长 2.6%，增速比 1～11 月提高 0.4 个百分点。其中，国内贷款 20214 亿元，下降 4.8%；利用外资 297 亿元，下降 53.6%；自筹资金 49038 亿元，下降 2.7%；其他资金 55655 亿元，增长 12.0%。在其他资金中，订金及预收款 32520 亿元，增长 7.5%；个人按揭贷款 16662 亿元，增长 21.9%。

2015 年全年国房景气指数变化如图 2-5 所示。

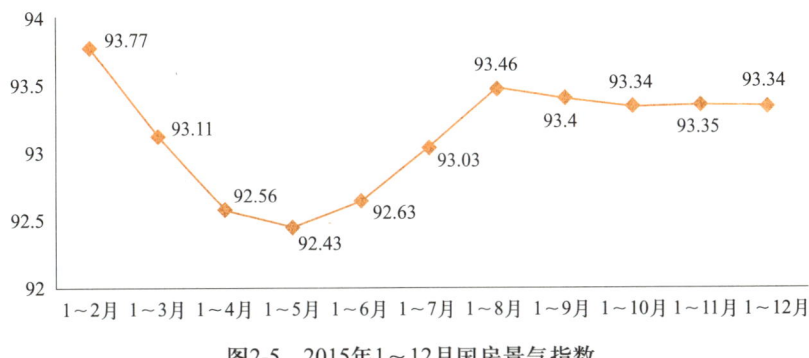

图2-5 2015年1～12月国房景气指数

第二节 社会环境

一、供给侧改革

供给侧改革概念的首次提出是在2015年11月10日的中央财经领导小组第十一次会议上。"在适度扩大总需求的同时，着力加强供给侧结构性改革，着力提高供给体系质量和效率，增强经济持续增长动力。""供给侧结构性改革"的提出，意味着中国宏观经济政策从需求管理向供给管理的重大转向。

供给侧改革的最终目标是释放市场的活力，越是原来管理僵化、垄断程度较高的行业，越是供给侧改革的重点，这样释放出来的活力或是产能优化的力量会更充分。供给侧改革，就是让要素再流动起来，让资源从低效率领域转移到高效率领域，从已经过剩领域转移到更有需求的领域。

供给侧改革的推行并不意味着需求端改革的停滞，要"两头促进"，不能"一头沉"。需求方面政策的调整见效快，供给方面的调整见效慢，所以一定要注意双方的互动。供给侧发力，并不是关停企业，因为后者会带来失业，将会引发不稳定问题。但供给侧的发力也面临着一些难点，不能盲目扩大产能，因为这将带来已停产企业在获得贷款后恢复运行，资金流向这些落后产能企业，不仅会造成通货膨胀，更会导致国内经济结构更加不合理。

供给侧改革为造价咨询行业的发展提供了启示，为造价咨询企业的改革提供了思路。

二、政府简政放权和行政审批制度改革

党的十八届三中全会通过的《中共中央关于全面深化改革若干重大问题的决定》提出，进一步简政放权，深化行政审批制度改革。本届政府把加快转变职能、简政放权作为开门第一件大事，相关改革举措密集推出，各地迅速跟进，极大地激发了市场活力、发展动力和社会创造力。进入快车道的简政放权和行政审批制度改革已成为全面深化改革的重要抓手和"先手棋"，引起广泛关注。取消和下放行政审批事项，在整个行政审批制度改革中居于重要地位，既是新一届政府深化行政审批制度改革的起点，又具有画龙点睛之功效，其工作成效更在于取消和下放行政审批事项数量与质量的有机统一。

2015年是全面深化改革的关键之年，是全面推进依法治国的开局之年，也是稳增长调结构的紧要之年，全年简政放权、放管结合和转变政府职能的任务虽然紧迫而艰巨，但仍然取得一系列重大成就：

（1）全面清理了中央指定地方实施的行政审批事项，并实行公布清单和锁定底数，2015年取消行政审批事项200项以上；

（2）全面清理和取消国务院所属部门非行政许可审批事项，不再保留"非行政许可审批"这一审批类别；

（3）基本完成省级政府工作部门和依法承担行政职能的事业单位权力清单的公布工作；

（4）研究建立了国务院所属部门权力清单和责任清单制度，开展了编制权力清单和责任清单的试点工作；

（5）严格落实规范行政审批行为的政策法规要求，国务院各部门所有行政审批事项都要逐项公开审批流程，压缩并明确审批时限，约束自由裁量权，以标准化促进规范化；

（6）研究提出了指导规范国务院所属部门证照管理的工作方案，对增加企业负担的证照进行了全面清查，提出了相应的整改措施；

（7）清理规范了国务院各部门行政审批中介服务，对公布保留的国务院各

部门行政审批中介服务事项也要打破垄断、规范收费、加强监管；

（8）对国务院已取消下放的行政审批事项，要求严格执行、放权到位，及时查处和纠正明放暗留、变相审批等弄虚作假行为。

政府简政放权和行政审批制度改革大幅度提高了企业对公方面的办事效率，节约了企业的社会成本，对工程造价咨询企业的影响也是积极的和正向的。

三、大数据、"互联网+"等信息技术普及

2015年3月5日上午十二届全国人大三次会议上首次提出"互联网+"行动计划。"互联网+"主要体现在两个方面。一方面是"企业互联网+"，指"互联网+"与企业自身结合，企业的生产、运营、管理、营销、组织、人才等诸多方面需要用互联网思维重塑。企业需要利用互联网思维改造企业的流程、管理模式、企业文化，从而提升企业运营效率和绩效。另一方面是"产业互联网+"，指"互联网+"与产业结合，"互联网+"中加的是传统的各行各业，包括第一、第二和第三产业。过去十几年互联网的发展很清楚地显示了这一点。尤其是与第三产业相结合，与媒体结合产生网络媒体；与娱乐相结合产生网络游戏；与零售产业相结合产生电子商务；与金融产业相结合产生互联网金融。

工程造价咨询行业，也可以利用大数据、"互联网+"等技术，改进本行业传统工作模式，提高行业的整体水平和竞争力。

四、社会信用体系建设

国务院印发的《社会信用体系建设规划纲要（2014—2020年）》（以下简称《纲要》）提出了加快建设社会信用体系、构筑诚实守信经济社会环境的总体任务。到"十三五"规划末期，全社会要基本建立信用体系建设基础性法律法规和各类技术标准体系，基本建成以各类市场主体信用信息资源共享为基础的覆盖全社会的征信系统，信用监管体制基本健全，信用采集、评价等服务市场体系比较完善，守信激励和失信惩戒机制全面发挥作用。

《纲要》强调，社会信用体系建设要按照"政府推动，社会共建；健全法制，规范发展；统筹规划，分步实施；重点突破，强化应用"的原则有序推进。《纲要》

明确了与人民群众切身利益和经济社会健康发展密切相关的 34 个方面的具体任务，提出了以下三大基础性措施：

一是加强对各类市场主体的诚信教育与诚信文化建设，弘扬诚信文化、树立诚信典型、开展诚信主题活动和重点行业领域诚信问题专项治理，在全社会营造并形成"诚信光荣、失信可耻"的市场氛围和良好风尚；

二是加快推进信用信息系统建设和应用，建立自然人、法人和其他组织统一社会信用代码制度，运用现代信息技术推进行业间信用信息互联互通和地区内信用信息整合应用，形成全国范围内的市场主体信用信息交换共享机制；

三是完善以奖惩制度为重点的社会信用体系运行机制，健全守信激励和失信惩戒机制，对守信主体实行市场准入优先、免除或简化相关事项办理程序等"绿色通道"类激励政策，对失信主体采取更严格的行政监管、市场准入限制、行业约束和社会惩戒，进一步建立健全信用体系建设法律法规和技术标准体系，培育和规范信用信息和信用评价服务市场，保护各类信用信息主体合法权益，强化市场主体信用信息采集、使用、存储和发布等环节安全管理。

社会信用体系建设是我国市场经济健康运转的基石，对已经实现市场化的工程造价咨询行业进一步规范行业市场信用环境、推进工程造价咨询行业信用体系建设起到一定的促进作用。

第三节　政策环境

一、投融资政策

（一）投融资体制机制

2015 年，国家发展改革委在全国经济体制改革工作会上指出：要继续深化投融资体制改革，研究出台深化投融资体制改革的决定，推进投资领域法制化建设。深化投融资体制改革包括下放审批权限，减少企业投资核准事项。同时在程序上进行简化，包括取消 18 项核准前置条件，将 32 项法定前置审批事项减到 2 项半；

利用互联网实现网上并联审批,目前 16 个部委已经连线,最终要纵向贯通到省地市县,通过推进改革激发市场活力;通过市场化运作方式发行专项建设债券,支持一些项目的资本金,这是投融资方式改革的一个重要创新;大力推进社会资本与政府合作,针对一些项目回报不理想的问题,要加快推进价格改革,形成公共设施合理价格形成机制,让投资者有稳定、合理的回报;对发改系统进行培训,提高地方的项目承接能力,进一步做好促投资工作。

自 2015 年 3 月 1 日起施行的《中华人民共和国政府采购法实施条例》第七条规定:政府采购工程以及与工程建设有关的货物、服务,采用招标方式采购的,适用《中华人民共和国招标投标法》及其实施条例;采用其他方式采购的,适用政府采购法及本条例。

2015 年 3 月,国家发展改革委制定了《中央预算内直接投资项目概算管理暂行办法》(发改投资 [2015]482 号)。中央预算内直接投资项目是指发展改革委安排中央预算内投资建设的中央本级(包括中央部门及其派出机构、垂直管理单位、所属事业单位)非经营性固定资产投资项目。概算由发展改革委在项目初步设计阶段委托评审后核定。概算包括国家规定的项目建设所需的全部费用,即工程费用、工程建设其他费用、基本预备费、价差预备费等。编制和核定概算时,价差预备费按年度投资价格指数分行业合理确定。

2015 年 4 月 2 日财政部印发的《地方政府专项债券发行管理暂行办法》(财库 [2015]83 号)指出,要加强地方政府债务管理,规范地方政府专项债券发行行为,保护投资者等合法权益。

为有序推进政府和社会资本合作项目实施,保障政府切实履行合同义务,有效防范和控制财政风险,2015 年 4 月 7 日财政部印发了《政府和社会资本合作项目财政承受能力论证指引》(财金 [2015]21 号)。

2015 年 4 月 25 日,国家发展改革委等发布了 2015 年第 25 号令《基础设施和公用事业特许经营管理办法》(以下简称《办法》),自 2015 年 6 月 1 日起施行。《办法》明确可在能源、交通、水利、环保、市政等基础设施和公用事业领域开展特许经营。《办法》还明确,境内外法人或其他组织均可通过公开竞争,在一定期限和范围内参与投资、建设和运营基础设施及公用事业并获得收益。

为支持服务业加快发展，中央财政设立服务业发展专项资金。根据国家有关法律法规及预算管理要求，2015年5月31日，财政部发布了《中央财政服务业发展专项资金管理办法》（财建[2015]256号）。

2015年6月23日，国务院法制办向社会公开发布《政府核准和备案投资项目管理条例（征求意见稿）》。该意见稿明确提出精简前置审批事项，优化审批程序。除关系国家安全和生态安全、涉及全国重大生产力布局、战略性资源开发和重大公共利益的企业投资项目外，一律实行备案管理。

2015年6月25日，财政部发布《关于进一步做好政府和社会资本合作项目示范工作的通知》（财金[2015]57号）指出，针对PPP项目要科学编制实施方案，合理选择运作方式，认真做好评估论证，择优选择社会资本，加强项目实施监管，充分引入竞争机制，保证项目实施质量。严禁通过保底承诺、回购安排、明股实债等方式进行变相融资，将项目包装成PPP项目。

为了深入推进政府采购制度改革和政府购买服务工作，促进实现"物有所值"价值目标，提高政府采购效率，2015年6月30日，财政部发布了《关于政府采购竞争性磋商采购方式管理暂行办法有关问题的补充通知》（财库[2015]124号）。

2015年7月29日，国家发展改革委发布了《项目收益债券管理暂行办法》（发改办财金[2015]2010号）。该办法所称的项目收益债券，是由项目实施主体或其实际控制人发行的，与特定项目相联系的，债券募集资金用于特定项目的投资与建设，债券的本息偿还资金完全或主要来源于项目建成后运营收益。发行项目收益债券募集的资金，只能用于该项目建设、运营或设备购置，不得置换项目资本金或偿还与项目有关的其他债务，但偿还已使用的超过项目融资安排约定规模的银行贷款除外。

2015年9月28日，国家发展改革委发布了《PPP项目前期工作专项补助资金管理暂行办法（征求意见稿）》。该办法所称PPP项目前期工作是指重点区域或行业的PPP项目规划编制，以及重点PPP项目的前期决策咨询、实施方案编制、招标文件确定、合同文本拟定、法律财务顾问和资产效益评估等。该办法提出，前期工作专项补助资金安排和使用应坚持公开的原则。

2015年11月12日，为进一步提高财政资金使用效益，发挥财政资金杠杆作用，规范政府投资基金的设立、运作、风险控制、预算管理等工作，促进政府投资基金持续健康运行，财政部发布了《政府投资基金管理暂行办法》（财预[2015]210号）。

2015年12月8日，财政部发布《关于实施政府和社会资本合作项目以奖代补政策的通知》（财金[2015]158号），旨在支持和推动中央财政PPP示范项目加快实施进度，提高项目操作的规范性，保障项目实施质量。同时，引导和鼓励地方融资平台公司存量公共服务项目转型为PPP项目，化解地方政府存量债务。

2015年12月17日，国家发展改革委发布的《关于加强保障性安居工程配套基础设施建设中央预算内投资管理的通知》（发改投资[2015]3001号）指出，保障性安居工程配套基础设施建设中央预算内投资专项实行分级管理。该通知中的保障性安居工程配套基础设施包括：棚改安置住房和公租房（以下简称"保障房"）小区内的道路、供排水、供电、供气、供暖、绿化、照明、围墙、物业服务等基础设施，保障房小区的教育、医疗卫生等公共服务设施，以及与保障房直接相关的城市道路和公共交通、通信、供电、供水、供气、供热、停车库（场）、污水与垃圾处理等城市基础设施。

2015年12月18日，为推动政府和社会资本合作项目物有所值评价工作规范有序开展，财政部制定并发布了《PPP物有所值评价指引（试行）》（财金[2015]167号）。

2015年12月18日，财政部发布《关于规范政府和社会资本合作（PPP）综合信息平台运行的通知》（财金[2015]166号）。财政部开发建设的政府和社会资本合作综合信息平台用于收集、管理和发布国家PPP政策、工作动态、项目信息等内容，推动项目实施的公开透明、有序竞争，提高运用PPP大数据增强政府服务和监管PPP工作的水平与效率。

2015年12月21日，财政部发布《关于对地方政府债务实行限额管理的实施意见》（财预[2015]225号，以下简称《实施意见》）。《实施意见》从加强地方政府债务限额管理、建立健全地方政府债务风险防控机制、妥善处理存量债务几个方面提出了详细的实施意见。

(二）主要领域投融资相关政策

1. 城市基础设施

关于公共交通基础设施建设。鼓励有条件城市按照"量力而行、有序发展"原则，充分运用PPP等政府和社会资本合作模式，积极引入各类社会资本，拓宽城市公共交通基础设施建设投融资渠道，推进地铁和轻轨等城市轨道交通系统建设，发挥地铁等作为城市公共交通的骨干作用，带动城市公共交通和相关产业发展。积极发展大容量地面公共交通，加快调度中心、停车场、保养场、首末站以及停靠站建设；推进换乘枢纽及充电桩、充电站、公共停车场等配套服务设施建设，将其纳入旧城改造和新城建设规划同步实施。

关于城市道路和桥梁建设改造。进一步完善城市道路网络系统，提升道路网络密度，提高城市道路网络连通性和可达性。加强城市各类大中小型桥梁、人行天桥安全检测和加固改造，限期整改安全隐患。积极运用大数据、云计算、物联网、现代计算机技术、现代信息技术、互联网技术加快推进城市桥梁智能化管理信息系统建设，提升城市路桥安全运行保障程度。开展城市桥梁安全检测并及时公布检测结果，完成对全国城市危桥加固改造，地级以上城市建成桥梁信息管理系统。

关于城市生活垃圾处理设施建设。以大中城市为重点，充分运用PPP等政府和社会资本合作模式，积极引入各类社会资本，拓宽城市生活垃圾处理设施建设投融资渠道，建设生活垃圾分类示范城市（区）和生活垃圾存量治理示范项目。加大处理设施建设力度，提升生活垃圾处理能力。提高城市生活垃圾处理减量化、资源化和无害化水平，进一步提升城市的环境质量。36个重点城市生活垃圾全部实现无害化处理，设市城市生活垃圾无害化处理率达到90%左右；到2017年，设市城市生活垃圾得到有效处理，确保垃圾处理设施规范运行，防止垃圾二次污染，摆脱目前一些城市存在的"垃圾围城"困境。

关于城市公园建设。充分运用PPP等政府和社会资本合作模式，积极引入各类社会资本，拓宽城市公园建设投融资渠道，结合城乡环境整治工程、弃置地生态修复工程和城中村改造项目等，加大社区性公园、街头小游园、郊野公园、城市绿道和绿廊等规划建设力度，进一步完善城市生态园林评价指标体系，推动不同模式的生态园林城市建设,确保城市老城区人均公园绿地面积不低于 $5m^2$、公园绿地服务半径覆盖率不低于 60%。加强各类城市公园的运营管理,强化城市公园公共服务属性,严格绿线管制。

2. 城市综合管廊

城市新区、各类园区、成片开发区域的新建道路要根据功能需求,同步建设地下综合管廊;老城区要结合旧城更新、道路改造、河道治理、地下空间开发等,因地制宜、统筹安排地下综合管廊建设。在交通流量较大、地下管线密集的城市道路、轨道交通、地下综合体等地段,城市高强度开发区、重要公共空间、主要道路交叉口、道路与铁路或河流的交叉处,以及道路宽度难以单独敷设多种管线的路段,要优先建设地下综合管廊。要充分运用 PPP 等政府和社会资本合作模式,积极引入各类社会资本,拓宽城市综合管廊建设投融资渠道。要加快城市既有地面电网、通信网络等架空线入地工程,提高城市综合管廊使用效率和投资效益。

3. 社区养老服务设施

民政部将继续加大对社区养老服务设施建设支持力度,鼓励引导社会力量举办嵌入式社区小型养老机构。进一步完善投融资政策和相关扶持政策,吸引更多民间资本参与,降低投资风险。完善养老服务人才培养、评价、使用和激励政策,完善劳动用工和职业保护,加大政府支持力度,支持建立薪酬自然增长机制,提高养老护理人员职业素质和业务水平。

4. 海绵城市建设

《国务院办公厅关于推进海绵城市建设的指导意见》(国办发 [2015]75 号)明确指出,通过海绵城市建设,综合采取"渗、滞、蓄、净、用、排"等措施,最大限度地减少城市开发建设对生态环境的影响,将 70% 的降雨就地消纳和利用。到 2020 年,城市建成区 20% 以上的面积达到目标要求;到 2030 年,城市建成区 80% 以上的面积达到目标要求。

5. 铁路

2015 年 7 月 10 日,国家发展改革委发布《关于进一步鼓励和扩大社会资本投资建设铁路的实施意见》(发改基础 [2015]1610 号,以下简称《实施意见》)。

《实施意见》积极鼓励社会资本全面进入铁路领域，列入中长期铁路网规划、国家批准的专项规划和区域规划的各类铁路项目，除法律法规明确禁止的外，均向社会资本开放。重点鼓励社会资本投资建设和运营城际铁路、市域（郊）铁路、资源开发性铁路以及支线铁路，鼓励社会资本参与投资铁路客货运输服务业务和铁路"走出去"项目。支持有实力的企业按照国家相关规定投资建设和运营干线铁路。

6. 重点领域重大工程

2015年12月2日，国家发展改革委发布《关于银行业支持重点领域重大工程建设的指导意见》，强调以重点领域重大工程为核心，强化政银企社合作及信息共享，完善工作机制和信贷政策，加强信贷管理和金融创新，全面做好国家重大战略部署的金融服务工作。立足银行业金融机构定位和自身优势，主动对接、积极支持重大工程项目建设，确保重大政策有效落地、金融风险有效防范，推动经济发展提质增效。

（三）投融资重点模式

2015年5月22日，国务院办公厅转发财政部发展改革委人民银行《关于在公共服务领域推广政府和社会资本合作模式的指导意见》（国办发[2015]42号，以下简称《意见》）。《意见》指出，在能源、交通运输、水利、环境保护、农业、林业、科技、保障性安居工程、医疗、卫生、养老、教育、文化等公共服务领域，鼓励采用政府和社会资本合作模式，吸引社会资本参与，为广大人民群众提供优质高效的公共服务。

2015年3月10日，为落实国务院关于切实保障重点投入、运用融资机制放大效应的指示精神，国家发展改革委国家开发银行发布《关于推进开发性金融支持政府和社会资本合作有关工作的通知》（发改投资[2015]445号）。

2015年2月13日，财政部发布的《关于市政公用领域开展政府和社会资本合作项目推介工作的通知》（财建[2015]29号）指出，通过市政公用领域开展PPP项目推介，推动建立健全费价机制、运营补贴、合同约束、信息公开、过程监管、绩效考核等一系列改革配套制度机制，实现合作双方风险分担、权益融合、有限追索。

2015年4月9日,为水污染防治领域大力推广运用政府和社会资本合作(PPP)模式,提高环境公共产品与服务供给质量,提升水污染防治能力与效率,财政部环保部发布《关于推进水污染防治领域政府和社会资本合作的实施意见》(财建[2015]90号)。

2015年4月20日,为提高收费公路建管养运效率,促进公路可持续发展,财政部发布《关于在收费公路领域推广运用政府和社会资本合作模式的实施意见》(财建[2015]111号)。

二、行业发展主要政策

2015年7月,中共中央办公厅、国务院办公厅印发了《行业协会商会与行政机关脱钩总体方案》(以下简称《总体方案》)。《总体方案》指出,应加快形成政社分开、权责明确、依法自治的现代社会组织体制,理清政府、市场、社会关系,积极稳妥推进行业协会商会与行政机关脱钩,厘清行政机关与行业协会商会的职能边界,加强综合监管和党建工作,促进行业协会商会成为依法设立、自主办会、服务为本、治理规范、行为自律的社会组织。创新行业协会商会管理体制和运行机制,激发内在活力和发展动力,提升行业服务功能,充分发挥行业协会商会在经济发展新常态中的独特优势和应有作用。

住建部办公厅发布关于加快绿色建筑和建筑产业现代化计价依据编制工作的通知。

住建部第771号公告发布了国家标准《建设工程造价咨询规范》(GB/T 51095—2015),于2015年11月1日起正式施行。

为规范工程造价咨询行业市场秩序,维护工程造价咨询合同当事人合法权益,住建部、国家工商行政总局发布了《建设工程造价咨询合同(示范文本)》(GF—2015—0212),自2015年10月1日起实施。

为落实国务院关于行政审批制度改革的要求,简化审批流程,提高审批效率,住建部标准定额司组织完成了对工程造价咨询企业、造价工程师管理系统的升级改造,自2016年起,推行工程造价咨询企业晋升甲级资质电子化申报和审批。

住建部发布的《建筑产业现代化发展纲要（征求意见稿）》提出，到 2020 年装配式建筑占新建建筑的比例要达到 20% 以上，到 2025 年，装配式建筑占新建建筑的比例要达到 50% 以上。

住建部组织编制了《城市综合管廊工程投资估算指标》(ZYA1—12（10）—2015)（试行）（以下简称《指标》），自 2015 年 7 月 1 日起施行。《指标》由综合指标和分项指标组成，其中：综合指标可应用于项目建议书与可行性研究阶段，作为编制投资估算、多方案比选和设计优化的依据。分项指标可应用于可行性研究阶段之后，当设计建设相关条件进一步明确时，作为估算某一标准段或特殊段费用的依据。《指标》覆盖了新的管廊标准，允许所有管线进入，充分考虑了今后大断面管廊工程建设的需要，列出了人材机消耗量以及土建和设备主要工程量，并可根据工程实际情况进行调整。

住建部执业资格注册中心发布《关于停止注册和印章收费有关问题的通知》（建注 [2015]11 号文），明确规定自 2015 年 11 月 1 日起停止收取一级注册建筑师、一级注册结构工程师、注册城市规划师、房地产估价师、造价工程师和监理工程师的注册费和印章费，同时停止收取二级注册建筑师和二级注册结构工程师注册费。

中价协发布的《关于开展工程造价咨询行业信息安全评估事宜的通知》（中价协 [2015]73 号）指出，为促进工程造价咨询行业健康和可持续发展，应对"互联网 +"、大数据等信息技术对本行业带来的机遇和挑战，促进行业信息化建设，中价协拟委托独立的专业咨询机构针对"互联网 +"、大数据等给本行业带来的信息安全问题进行研究和风险分析。

中价协发布的《关于改进造价工程师继续教育形式的五点意见》（中价协 [2015]39 号）指出，要进一步推进政府职能转变和简政放权，减轻企业和造价工程师个人负担，充分发挥行业和社会力量参与造价工程师继续教育工作。

中价协发布《关于规范工程造价咨询服务收费的五点意见》（中价协 [2015]26 号）是应会员单位对工程造价咨询服务收费的有关诉求，为保证工程造价咨询成果质量，减少企业恶性竞争，维护委托方权益，促进工程造价咨询行业的健康发展而提出的。

第四节 市场环境

一、市场需求环境

（一）影响需求的环境分析

1."一带一路"战略和亚洲基础设施投资银行筹备

2015年3月28日，《推动共建丝绸之路经济带和21世纪海上丝绸之路的愿景与行动》公布。2015年5月8日，中俄双方共同签署并发表了《关于丝绸之路经济带建设与欧亚经济联盟建设对接合作的联合声明》，"一带一路"战略与"欧亚经济联盟"战略实现对接。2015年6月1日，《交通运输部落实"一带一路"战略规划实施方案（送审稿）》审议通过。2015年6月3日，商务部在当日召开的中东欧国家经贸合作及中东欧博览会专题发布会上传递出重磅消息：结合"一带一路"合作倡议和《中欧合作2020战略规划》，中国和一带一路沿线16个国家正制定《中国—东欧国家中期合作规划》。

"一带一路"战略和亚洲基础设施投资银行（简称"亚投行"）筹备是相得益彰的。通过"一带一路"战略与相关国家进行贸易和经济往来，特别是"一带一路"战略与亚投行筹备相结合，与相关国家合作建设其基础设施的思路，为我国建筑企业走出去拓展了市场，进而带动造价咨询行业市场的拓展。

2.新型城镇化的推进

我国城镇化率从1949年的10.64%提升至1981年的20.16%，城镇化率年均提高0.3个百分点。城镇化率超过20%之后，城镇化进程加快。从1981年的20.16%提升至1996年的30.48%，城镇化率年均提高0.69个百分点。城镇化率达到30%以后，城市化进入加速发展期。从1996年的30.48%提升至2013年的53.73%，城镇化率年均提高1.37个百分点。从城乡结构看，2015年城镇常住人口77116万人，比上年末增加2200万人，乡村常住人口60346万人，减少1520万人，城镇人口占总人口比重为56.1%。2015年我国的城镇化率达到了56.1%，比照发达国家平均80%的城市化率及发展趋势，理论上我国依然处于城镇化快速发展阶段，城镇化的快速发展对我国工程造价咨询行业的发展将起到促进作用。

3. PPP 模式的推广

政府和社会资本合作模式（简称"PPP 模式"）已成为当前我国经济发展的新兴模式，渗透到对外投资、新型城镇化及地方债管理等诸多领域，蕴藏着巨大商机。2015 年被称为 PPP 元年，自推行 PPP 模式以来，全国各地共有 7110 个 PPP 项目纳入 PPP 综合信息平台，项目总投资约 8.3 万亿元，涵盖了能源、交通运输、水利建设、生态建设和环境保护、市政工程等 19 个行业。

2015 年 9 月 25 日，财政部《关于公布第二批政府和社会资本合作示范项目的通知》（财金 [2015]109 号）中，北京市兴延高速公路等 206 个项目被确定为第二批政府和社会资本合作示范项目，总投资金额 6589 亿元。财政部联合中国建设银行股份有限公司等 10 家机构，共同发起设立中国政府和社会资本合作融资支持基金。基金总规模 1800 亿元，将作为社会资本方重点支持公共服务领域 PPP 项目发展，提高项目融资的可获得性。

按 PPP 不同行业项目划分，项目数排在前 3 位的是市政工程（26%）、生态建设和环境保护（14%）、交通运输（11%）；从项目投资来看，仅交通运输和市政工程这两项的投资需求就将近 4.45 万亿，占总投资需求的 53.6%。这在一定程度上说明了 PPP 模式在基础设施领域发挥了积极作用，且这部分投资数额巨大。未来从 PPP 数量上看，养老（3%）、教育（5%）、医疗卫生（5%）、体育（2%）等领域 PPP 模式还有很大的发展空间。

各地新建 PPP 项目总额达到 7.57 万亿元，约占 PPP 项目投资额的 91%，存量项目约 0.73 万亿元，约占 PPP 项目投资额的 9%，表明目前我国 PPP 项目以新建项目为主。

综上所述，PPP 项目咨询业务为工程造价咨询行业市场带来了春天，在一定程度上扩大了工程造价咨询行业的市场规模。

4. 国家实施区域化战略

2015 年 4 月湖南湘江新区成立，2015 年 6 月南京江北新区成立，2015 年 9 月福州新区成立、云南滇中新区获批成立。2015 年 12 月 16 日国务院批复同意设立哈尔滨新区。至 2015 年底，中国至少还有 9 个城市新区已经提出要打造国家级新区，分别是武汉光谷新区、郑州郑东新区、江西昌九新区、沈阳沈北新区、乌鲁木齐新区、石家庄正定新区、南宁五象新区、昆明呈贡新区，以及唐山曹妃甸新区等。截至2015年12月，全国共有16个国家级新区，其中浦东新区、滨海新区系行政区，设立区委区政府，其余新区都是行政管理区，只设立管理委员会。

产业化和城镇化以及二者的互动，是一个国家和地区现代化发展的重要基础。以上区域化战略将带动产业发展和城镇基础设施建设，将为工程造价咨询行业带来前所未有的发展机遇。

5. 城市综合管廊建设

城市综合管廊，是在城市地下用于集中敷设给水、排水、热力、燃气、电力、通信、广播电视等市政管线的公共隧道。推进城市地下综合管廊建设，是创新城市基础设施建设方式的重要举措，不仅可以逐步消除"马路拉链"、"空中蜘蛛网"等现实问题，最大限度地用好城市地下空间资源，提高现代城市综合承载能力，而且可以有效带动社会资本投资、增加城市公共产品供给，提高城市综合管线公共服务能力，提升新型城镇化发展质量，促进城市基础设施的可持续发展。城市地下综合管廊的大规模投资建设，将有利于拓展工程造价咨询行业的市场空间和业务范围。

6. 城镇保障性安居工程

2015年，全国城镇保障性安居工程计划新开工740万套（其中各类棚改580万套），基本建成480万套。截至12月底，已开工783万套，基本建成772万套，均超额完成年度目标任务，完成投资1.54万亿元。其中，棚改开工601万套，占年度目标任务的104%。这些城镇保障性安居工程为工程造价咨询行业提供了一定的市场份额。

（二）影响需求的业态趋势分析

1. 服务对象的转型升级

实施绿色建筑、建筑工业化战略和城乡基础设施及公共服务均等化，有力助推了经济转型升级。同时，从智慧城市到智慧楼宇、智慧工地、智慧家居，建设领域已在运用"互联网+"管理模式方面先行一步。2015年11月3日，第十届中国智慧城市建设技术研讨会暨设备博览会在京召开，大会以"'互联网+'智慧城市"为主题，汇聚了智慧城市建设主管部门领导、知名专家学者、技术领先企业，集中展示智慧城市建设最新技术和方案，深度探讨"'互联网+'智慧城市"未来生活。

2. 服务对象的地域梯度转移

随着一线城市发展受到地域、价格、政策等因素的制约，无论是在国家战略层面，还是在企业发展实施层面，都有向二线城市，甚至三、四线城市发展的趋势。国家在新型城镇化战略中也明确提出要规划建设好大中小城市和城市群，实现小城镇和乡村复兴及可持续发展，没有农村地区的现代化，就不可能实现真正意义上的小康。小城镇的功能定位、发展模式、空间形态都应有别于大中城市，农村作为一种人与自然高度契合的聚居形态，有着其自身发展演变的规律。因此，以工程建设为依托的工程造价咨询行业也应随着工程建设的发展趋势和走向进行相应的转移。

3. 服务对象的多元化和综合化

随着我国城市建设的推进，工程建设不再集中于新建工程。因功能或者其他需求进行改造或者扩建的工程逐渐增多，作为工程造价咨询服务行业也应关注服务对象的多元化。

同时，国家区域性战略开发区、海绵城市试点、大型重点项目、城市综合管廊建设试点等都是综合性的项目开发。因此，未来对工程造价咨询业务的需求一方面体现在跨专业的综合化，另一方面体现在咨询业务全过程服务的综合化。

二、市场供给环境

（一）算量软件和 BIM 等信息技术提升了行业服务供给能力

随着各种算量软件的应用以及 BIM 技术和互联网技术的发展，行业整体竞争力不断提升。BIM 技术利用工程的三维空间立体模型，可以模拟工程设计与建造过程，具有可模拟、可打印、可操作修改等特点，便于造价人员对工程进行精确算量和投资优化，大幅度提高了工程造价人员的工作效率，有利于提升整个工程造价咨询行业的服务供给能力。

（二）相关行业企业与造价咨询企业的业务竞争日益加剧

由于社会对工程造价咨询行业的预期较好，认为工程造价咨询是具有发展前景的行业，相关企业纷纷进入该行业。近几年，监理企业、勘察设计企业、会计师事务所、律师事务所等企业进入到工程造价咨询行业市场，并有不断扩大业务范围的趋势。这些相关企业的业务拓展和延伸已经成为现有工程造价咨询企业有力的竞争对手，并且随着建设项目咨询业务的多元化、综合化，相关行业企业对工程造价咨询行业的拓展反而凸显了一定的优势。因此，工程造价咨询行业也需要根据社会需求的变化，调整相应的供给策略和产品。

第三章 行业标准体系建设

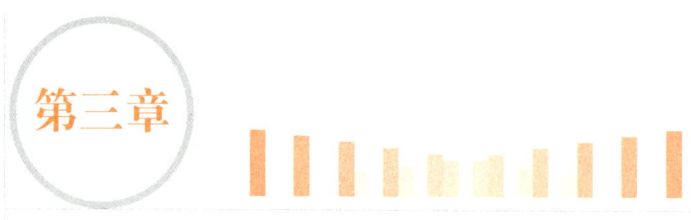

第一节 总体情况与建设成就

一、总体情况

(一) 住建部标准定额司

2015年度,住建部标准定额司为了适应行业发展新形势的要求,充分发挥标准定额对我国城乡建设领域的重要技术支撑作用,全年以推进工程建设标准管理体制改革和建设工程造价管理改革为工作目标,不断完善工程建设标准体系和工程计价依据体系,强化了标准定额工作的监督管理。

1. 不断改革完善标准体系

2015年,住建部标准定额司开始整合优化强制性标准,推进工程建设标准体制改革,逐步取消现行标准中分散的强制性条文。积极引导和培育各类社团标准,加大工程建设标准有效供给,鼓励各类行业协会、学会制定自愿采用性标准。重新审视标准制定的原则,努力提高标准编制水平,更加注重各类工程建设标准的先进性和前瞻性。重视各类工程建设标准复审工作,继续加大各类工程建设标准修订频率,对2009年和2010年的标准进行了全面复审,努力将标龄控制在5年以内,最终实现工程建设标准复审工作常态化。

2. 推进工程造价管理改革

全年完成了与建设工程工程量清单计价规范和各专(行)业工程量计算规

范配套使用的建设工程工程量清单规范体系。补充完善了前期估概算和后期维修养护等定额，逐步形成能够服务于建设项目全过程的工程定额体系。已经开始着手制定工程造价数据相关标准，力争实现工程建设各阶段各类造价数据的互联互通。

3. 加强标准实施监督

2015年，住建部标准定额司加快对工程建设标准实施与监督工作的制度建设。为了适应培育发展地方标准和企业标准的需要，修订了《关于加强工程建设企业标准化工作的若干意见》和《工程建设地方标准化工作管理规定》。同时，还开展了对工程建设强制性标准监督检查工作机制的系统总结和调查研究，并修订了《实施工程建设强制性标准监督规定》，有利于进一步促进工程建设行业的健康发展。

（二）中国建设工程造价管理协会

2015年是实施"十二五"规划的最后一年，中价协加快完成工程造价行业"十二五"规划以及住建部《关于进一步推进工程造价管理改革的指导意见》提出的各项工作任务，积极配合住建部继续推进工程造价管理改革及行业标准体系建设，并取得了丰硕成果。

在住建部的组织下，为了加强工程造价行业的自律管理，规范工程造价咨询成果文件的格式、工作深度和质量标准，提高工程造价咨询成果质量，依据国家有关法律、法规和规范性文件，中价协编制了国家标准《建设工程造价咨询规范》（GB/T 51095—2015），经过长达半年的宣贯后，已于2015年11月1日起在全国实施。

为规范工程造价咨询企业及其咨询人员的建设工程造价鉴定活动及程序，提高工程造价鉴定成果质量，中价协编制了新一版《建设工程造价鉴定规范》；为加强行业自律，提高工程造价咨询成果质量，规范建设项目工程结算编制方法和深度要求，中价协编制了新一版《建设项目工程结算编审规范》。上述两部规范已于2015年5月完成编制工作并形成报批稿，目前正处于征求意见阶段，预计于2016年发布实施。此外，《建设项目投资估算编审规程》、《建设项目设计概算编审规程》、《建设项目全过程造价管理咨询指南》和《工程造价费用构成通则》等标准也在积极编制和修订中。

协会还加强了与其他国家和地区组织的交流与合作，积极提升国际地位。为了满足国际项目工程计价与我国标准推广的需要，对《建设工程工程量清单计价规范》（GB 50500—2013）进行了英文版的翻译。同时，中价协还积极开展工程造价咨询企业国际化发展战略研究，探索我国工程造价咨询企业开展国际化项目咨询的操作方式，为工程造价咨询企业"走出去"提出指导性意见，并已着手研究国际工程顾问公司的管理模式、主要业务及执业标准等。

此外，尽管我国工程造价管理标准体系框架已经初步建立，但仍面临经济发展新常态、新形势的挑战。工程造价管理标准体系的各组成部分还不够完善，还存在不适应、不协调、不配套，甚至相互重复和矛盾的现象，工程造价管理标准体系还需要加快推进改革步伐，这将是未来工作的一个重要方向。

二、建设成就

近年来，住建部和中价协非常重视工程造价咨询行业标准体系建设，不断发布实施新标准，并对不符合行业发展要求的部分标准予以修订，使行业标准体系更加完善。标准体系建设成就如表 3-1 所示。

行业标准体系建设一览表　　表3-1

标准	编号	发布时间	实施时间
《建设工程造价咨询规范》	GB/T 51095—2015	2015 年 3 月 8 日	2015 年 11 月 1 日
《建筑工程建筑面积计算规范》	GB/T 50353—2013	2013 年 12 月 19 日	2014 年 7 月 1 日
《工程造价术语标准》	GB/T 50875—2013	2013 年 2 月 7 日	2013 年 9 月 1 日
《建设工程工程量清单计价规范》	GB 50500—2013	2012 年 12 月 25 日	2013 年 7 月 1 日
《房屋建筑与装饰工程工程量计算规范》	GB 50854—2013	2012 年 12 月 25 日	2013 年 7 月 1 日
《建设项目工程竣工决算编制规程》	CECA/GC9—2013	2013 年 3 月 1 日	2013 年 5 月 1 日
《建设工程人工材料设备机械数据标准》	GB/T 50851—2013	2012 年 12 月 25 日	2013 年 5 月 1 日
《建设工程咨询分类标准》	GB/T 50852—2013	2012 年 12 月 25 日	2013 年 4 月 1 日

第三章　行业标准体系建设

续表

标准	编号	发布时间	实施时间
《建设工程造价鉴定规程》	CECA/GC8—2012	2012年7月19日	2012年12月1日
《建设工程造价咨询成果文件质量标准》	CECA/GC7—2012	2012年4月17日	2012年7月1日
《建设工程招标控制价编审规程》	CECA/GC6—2011	2011年6月23日	2011年10月1日
《建设项目工程结算编审规程》	CECA/GC3—2010	2010年8月30日	2010年10月1日
《建设项目施工图预算编审规程》	CECA/GC5—2010	2010年2月22日	2010年3月1日

《建设工程造价咨询规范》（GB/T 51095—2015）是 2015 年行业发布实施的最重要的标准。它的实施，将进一步规范工程造价咨询业务活动，提高建设项目工程造价咨询成果文件质量。《建设工程造价咨询规范》（GB/T 51095—2015）于 2012 年正式立项，2013 年启动标准编制，2014 年初完成编制，并提交报批稿。2014 年下半年，根据《关于深化工程造价管理改革的指导意见》精神，按照推行全费用综合单价的要求进行了系统修改。2015 年 3 月发布，同年 11 月开始实施。

该规范包括总则、术语、基本规定、决策阶段、设计阶段、发承包阶段、实施阶段、竣工阶段和工程造价鉴定九个部分，并在附录部分对投资估算、设计概算、单位工程施工图预算、竣工结算、竣工结算审核、工程竣工决算和造价鉴定等成果文件格式给予规范。

第二节　地方标准建设

一、地方标准建设总体情况

2015 年，各省份在认真贯彻执行国家标准和行业标准的同时，还根据本省造价咨询行业发展现状及现实需求，依据国家和地方相关法律法规及技术标准，发布实施了相关地方标准，如表 3-2 所示。

2015年地方发布实施的标准　　　　　　　　　　　　表3-2

标准	发布时间	实施时间
重庆市		
《重庆市建设工程造价技术经济指标采集与发布标准》	2015年3月3日	2015年7月1日
天津市		
《天津市建设工程计价指引》	2015年3月9日	2015年3月9日
上海市		
《上海市建设工程工程量数据文件标准》	2015年6月5日	2015年6月5日
四川省		
《四川省建设工程造价电子数据标准》	2015年8月24日	2016年1月1日

重庆市为了规范建设工程造价技术经济指标的采集方式和发布标准，确保建设工程造价技术经济指标的科学性、客观性和全面性，发布了《重庆市建设工程造价技术经济指标采集与发布标准》（简称《标准》）。该《标准》的实施，将为重庆市深化工程造价管理改革、助推工程造价信息化建设发挥积极作用。

天津市为了更好地执行国家规范，根据《建设工程工程量清单计价规范》（GB 50500—2013）和《天津市建设工程计价办法》，在本市2012版计价依据的基础上，修订完成了2014版《建设工程工程量清单计价指引》，并于2015年3月发布实施。

上海市为了规范本市建设工程电子招投标系统的建设和运行，统一招标、投标和最高投标限价工程量清单数据标准，规范工程量清单编制，实现工程量清单数据在电子招投标系统和各类工具软件之间交换和共享，依据《建设工程工程量清单计价规范》（GB 50500—2013）和《上海市建设工程工程量清单计价应用规则》等规定，编制了《上海市建设工程工程量数据文件标准》。

四川省为了解决不同工程计价软件采用不同数据加密方式以及数据异构造成共享造价成果数据困难等问题，使各建设、设计、施工、监理和工程造价咨询单位之间能够进行有效的数据交换，编制了《四川省建设工程造价电子数据标准》。该标准的实施，将在不同计算机应用系统中实现建设工程项目全过程的工程造价数据无缝识别和转换，为计算机辅助评标提供统一的电子数据标准，对进一步提

第三章 行业标准体系建设

高全省工程造价咨询行业信息化水平具有重大意义。

二、地方标准建设情况分析

2011年以来，各省市加强了对区域内造价咨询行业标准体系的建设，先后发布实施了多项地方标准，如表3-3和图3-1所示。

2011~2014年地方发布实施的标准　　　　表3-3

年份	省份	标准
2011	福建	《房屋建筑与市政基础设施工程造价电子数据交换导则》
2011	云南	《建设工程造价成果文件数据标准》
2013	浙江	《建设工程造价咨询质量导则》
2014	安徽	《建设工程造价咨询档案立卷标准》
2014	广西	《建设工程造价软件数据交换标准》
2014	辽宁	《建设工程造价信息工作规程》
2014	广东	《建设工程招标投标造价数据标准》
2014	浙江	《建设工程计价成果文件数据标准》
2014	海南	《建设工程造价电子数据标准》
2014	湖北	《建设工程造价应用软件数据交换规范》

注：以上数据均来自于各省市相关造价网站，属于不完全统计。

总体而言，近年地方标准建设成果颇丰，并收到了良好的效果。从内容上看，大部分标准都与工程造价咨询行业信息化建设有关，这表明信息化不仅是行业现阶段发展的重点，也是未来的一大趋势。此外，不少省份对工程造价咨询成果文件提出了标准化要求，此举将会进一步规范成果文件，促进行业健康发展。

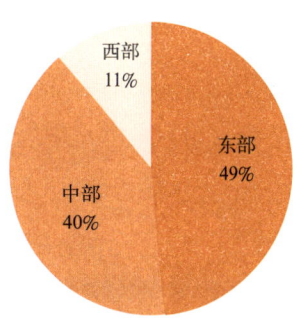

图3-1　2011~2015地方标准区域分布图

从标准发布实施的区域分布可以看出，绝大多数的地方标准分布在中东部地区，西部地区占比很小，特别是西北五省，在地方标准建设方面有待加强。产生这一现象的主要原因是区域经济发展差异，中东部特别是经济发展较快的省份，除了要执行国家标准和行业标准外，还需要制定地方标准以满足本省行业发展需要。而在西部地区，因为经济发展不及中东部，对本地区工程造价咨询行业标准体系建设要求不高，贯彻执行国家和行业标准仍是其重中之重。进入"十三五"以后，在西部大开发和丝绸之路等国家战略的推动下，西部经济发展将会进入"快车道"，进而将对该区域工程造价咨询地方标准建设提出更高的要求。

第四章

行业结构分析

第一节 企业结构分析

一、2015年企业结构情况分析

2015年，通过《工程造价咨询统计报表制度系统》上报数据的工程造价咨询企业共计7107家，比上年增长2.5%。各类统计科目结果汇总如下：

7107家造价咨询企业中，甲级资质企业3021家，占42.51%；乙级资质企业4086家，占57.49%。分布情况：各地区共计6874家，各行业共计233家。同时，7107家造价咨询企业中有2069家专营工程造价咨询企业[①]，占29.11%；兼营工程造价咨询业务且具有其他资质的企业有5038家，占70.89%。

2015年末，我国工程造价咨询企业按资质分类和企业登记注册类型分类汇总统计信息如表4-1和表4-2所示。

2015年工程造价咨询企业按资质汇总统计信息表（家）　　　　表4-1

序号	省份	造价咨询企业数量			专营工程造价咨询企业的数量	具有多种资质的造价咨询企业数量
		小计	甲级	乙级		
0	合计	7107	3021	4086	2069	5038
1	北京	285	209	76	85	200

---

① 本报告中专营工程造价咨询企业统计口径为企业上报资质中仅具有工程造价咨询资质的企业。

续表

序号	省份	造价咨询企业数量			专营工程造价咨询企业的数量	具有多种资质的造价咨询企业数量
		小计	甲级	乙级		
2	天津	57	32	25	8	49
3	河北	338	107	231	98	240
4	山西	222	54	168	124	98
5	内蒙古	243	72	171	143	100
6	辽宁	257	92	165	166	91
7	吉林	138	41	97	27	111
8	黑龙江	173	48	125	120	53
9	上海	150	106	44	19	131
10	江苏	594	297	297	58	536
11	浙江	384	234	150	30	354
12	安徽	340	88	252	128	212
13	福建	133	77	56	9	124
14	江西	148	46	102	60	88
15	山东	575	164	411	120	455
16	河南	296	70	226	128	168
17	湖北	329	145	184	173	156
18	湖南	269	97	172	71	198
19	广东	361	191	170	56	305
20	广西	111	42	69	14	97
21	海南	40	18	22	12	28
22	重庆	219	102	117	107	112
23	四川	401	190	211	86	315
24	贵州	93	29	64	6	87
25	云南	163	65	98	73	90
26	陕西	168	84	84	5	163
27	甘肃	134	16	118	27	107

续表

序号	省份	造价咨询企业数量			专营工程造价咨询企业的数量	具有多种资质的造价咨询企业数量
		小计	甲级	乙级		
28	青海	45	5	40	11	34
29	宁夏	52	17	35	13	39
30	新疆	156	50	106	62	94
31	行业归口	233	233	0	30	203

2015年工程造价咨询企业按企业登记注册类型汇总统计信息表（家）　　表4-2

序号	省份	企业数量	国有独资公司及国有控股公司	有限责任公司	合伙企业	合资经营和合作经营企业	其他企业
0	合计	7107	147	6856	79	10	15
1	北京	285	2	278	3	2	0
2	天津	57	2	54	1	0	0
3	河北	338	2	329	7	0	0
4	山西	222	0	222	0	0	0
5	内蒙古	243	1	239	3	0	0
6	辽宁	257	7	249	1	0	0
7	吉林	138	4	133	1	0	0
8	黑龙江	173	2	170	1	0	0
9	上海	150	0	146	3	1	0
10	江苏	594	12	571	11	0	0
11	浙江	384	6	371	7	0	0
12	安徽	340	3	313	7	3	14
13	福建	133	1	130	1	0	0
14	江西	148	3	140	5	0	0
15	山东	575	2	570	3	0	0
16	河南	296	3	290	2	1	0
17	湖北	329	5	322	2	0	0
18	湖南	269	6	254	9	0	0

续表

序号	省份	企业数量	国有独资公司及国有控股公司	有限责任公司	合伙企业	合资经营和合作经营企业	其他企业
19	广东	361	4	355	2	0	0
20	广西	111	2	108	0	1	0
21	海南	40	0	39	1	0	0
22	重庆	219	2	216	1	0	0
23	四川	401	2	397	1	1	0
24	贵州	93	2	90	1	0	0
25	云南	163	2	161	0	0	0
26	陕西	168	3	165	0	0	0
27	甘肃	134	5	123	5	0	1
28	青海	45	5	39	1	0	0
29	宁夏	52	1	51	0	0	0
30	新疆	156	2	154	0	0	0
31	行业归口	233	56	177	0	0	0

其中，2015年各地区工程造价咨询企业按资质汇总统计数据柱状图如图4-1所示。

通过以上数据及图示信息可知：2015年，我国工程造价咨询行业企业总体规模更加庞大，甲级资质企业占全部企业的比例高达43%，同时专营造价咨询企业占全部企业的比例高达30%，行业整体及同质化竞争越来越激烈。此外，2015年，我国拥有造价咨询企业数量最高的3个地区分别是江苏、山东和四川，而甲级资质企业数量排名在前3位的是江苏、浙江和北京，专营工程造价咨询企业数量排名前3位的地区是湖北、辽宁和内蒙古，说明有些地区虽然总体企业数量较高，但其甲级资质企业占比偏低，且专营企业数量也相对较少，整体技术水平有待进一步提升。同时，2015年我国造价咨询企业注册登记类型中有限责任公司数量排前3位的地区为江苏、山东和四川，且江苏地区的国有独资及国有控股公司数量最高，达12家。

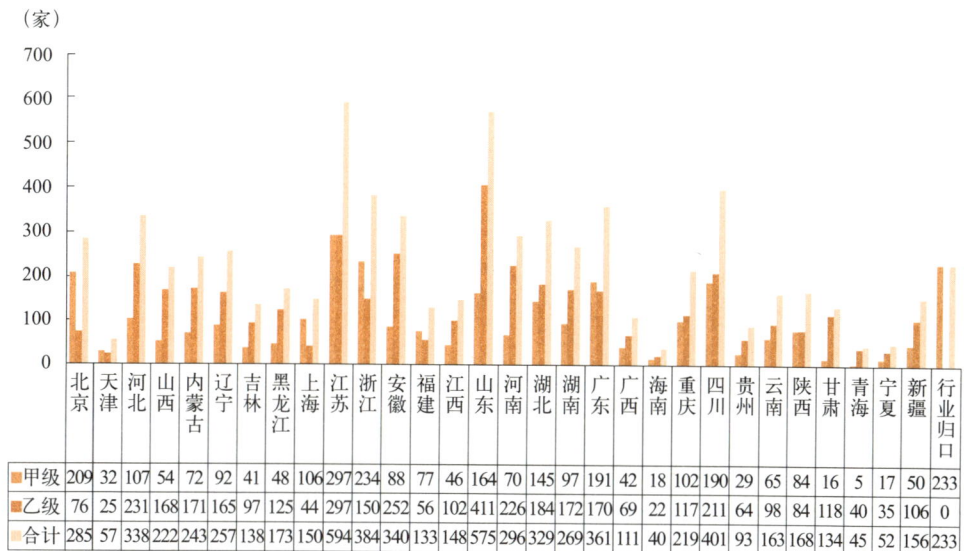

图4-1 2015年各地区工程造价咨询企业按资质分类数量

二、2013～2015年度企业结构总体情况概述

（一）企业资质总体情况

2013～2015年，全国造价咨询企业分别为6794家、6931家、7107家，分别比其上一年增长2.5%、2.0%、2.5%。其中，甲级资质企业分别为2485家、2774家、3021家，占比约36.58%、40.02%、42.51%，分别比其上一年增长11.2%、11.6%、8.9%；乙级资质企业分别为4309家、4157家、4086家，占比约63.42%、59.98%、57.49%，分别比其上一年减少2.0%、3.5%、1.7%。

（二）企业专营与兼营总体情况

2013～2015年，专营工程造价咨询企业分别为2131家、2170家、2069家，分别占全部造价咨询企业的31.37%、31.31%、29.11%；兼营工程造价咨询业务且具有其他资质的企业分别为4663家、4761家、5038家，所占比例分别为68.63%、68.69%、70.89%。

三、2013～2015年度企业结构指标统计情况对比分析

(一) 2013～2015年度企业结构指标总体统计信息

(1) 全国工程造价咨询企业按资质分类统计见表4-3。

工程造价咨询企业按资质分类统计表（家）　　表4-3

序号	年份	造价咨询企业数量			专营工程造价咨询企业的数量	兼营工程造价咨询企业的数量
		合计	甲级	乙级		
1	2013年	6794	2485	4309	2131	4663
2	2014年	6931	2774	4157	2170	4761
3	2015年	7107	3021	4086	2069	5038

(2) 全国工程造价咨询企业按企业登记注册类型分类统计见表4-4。

工程造价咨询企业按企业登记注册类型分类统计表（家）　　表4-4

序号	年份	企业数量	国有独资公司及国有控股公司	有限责任公司	合伙企业	合资经营和合作经营企业	其他企业
1	2013年	6794	138	6372	88	3	193
2	2014年	6931	157	6655	82	11	26
3	2015年	7107	147	6856	79	10	15

其中，2013～2015年全国工程造价咨询企业不同分类统计变化如图4-2和图4-3所示。

通过以上列表及图示信息可知：

(1) 2013～2015年，我国工程造价咨询企业总数依然呈上升趋势，2014年比2013年增加137家，增长2.0%，2015年比2014年增加176家，增长2.5%。其中，甲级工程造价咨询企业数量占比逐年提高，已从2013年的36.58%提高到2015年的42.51%，达3021家。同时，乙级造价咨询企业数量相应呈现降低的趋势。

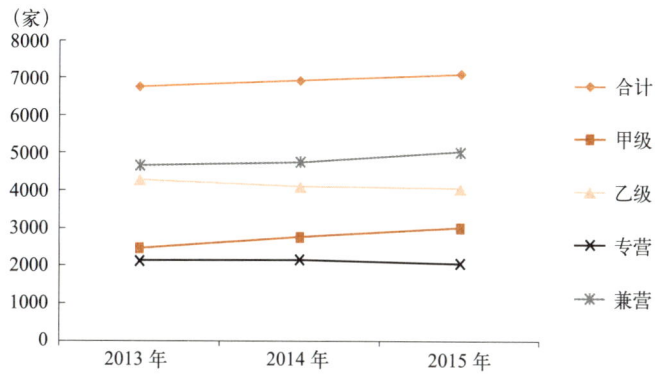

图4-2　工程造价咨询企业按资质分类数量变化图

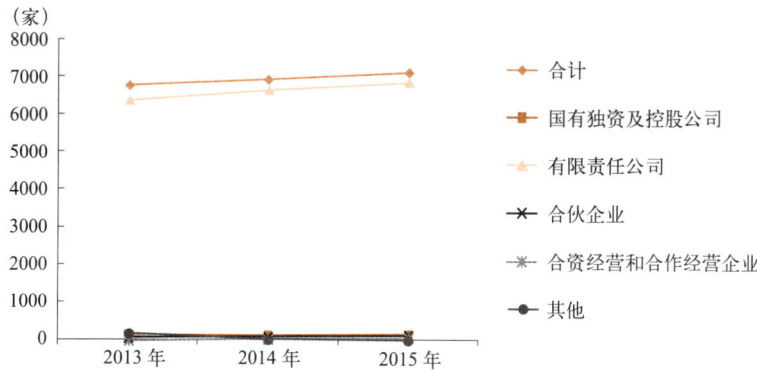

图4-3　工程造价咨询企业按企业登记注册类型数量变化图

(2) 2013～2015年，我国专营工程造价咨询企业数量仅为总体企业数量的三分之一，且占全部造价咨询企业的比例分别为31.37%、31.31%、29.11%，呈小幅下降趋势，而兼营工程造价咨询业务的企业数量则越来越多。这在一定程度上说明了，目前我国造价咨询行业市场的独立性仍然不足，仍需对相关管理制度和行业规范、标准不断进行改革和完善，各企业则需要加强关注本企业的战略性发展。

(3) 2013～2015年，我国造价咨询企业基本都是有限责任公司和合伙制的形式，且呈现逐年上升的趋势，而国有独资公司及国有控股公司的数量在经历了2014年一定程度的上升后，2015年开始出现下降的趋势，这也是经过多年的制度改革和市场化发展的结果，以市场投资主体为主的形式更加突出。

(二) 2013～2015 年度企业结构指标分地区统计信息

(1) 不同区域工程造价咨询企业数量统计见表 4-5。

2013～2015 年工程造价咨询企业数量区域分布统计（家）　　　表4-5

地区／年份	2013 年	2014 年	2015 年
华北地区	1113	1140	1145
东北地区	529	547	568
华东地区	2284	2282	2324
华中地区	897	899	894
华南地区	474	483	512
西南地区	797	810	876
西北地区	451	532	555

(2) 各地区工程造价咨询企业按资质分类统计见表 4-6。

2013～2015 年各地区工程造价咨询企业按资质分类统计表（家）　　　表4-6

序号	省份	2013 年		2014 年				2015 年			
		合计	甲级	合计	增长（%）	甲级	增长（%）	合计	增长（%）	甲级	增长（%）
0	合计	6794	2485	6931	2.02	2774	11.63	7107	2.54	3021	8.90
1	北京	263	181	273	3.80	201	11.05	285	4.40	209	3.98
2	天津	60	30	44	-26.67	27	-10.00	57	29.55	32	18.52
3	河北	345	78	355	2.90	93	19.23	338	-4.79	107	15.05
4	山西	231	45	236	2.16	51	13.33	222	-5.93	54	5.88
5	内蒙古	214	59	232	8.41	66	11.86	243	4.74	72	9.09
6	辽宁	251	65	253	0.80	76	16.92	257	1.58	92	21.05
7	吉林	114	34	127	11.40	38	11.76	138	8.66	41	7.89
8	黑龙江	164	46	167	1.83	47	2.17	173	3.59	48	2.13
9	上海	134	104	148	10.45	107	2.88	150	1.35	106	-0.93

续表

序号	省份	2013年		2014年				2015年			
		合计	甲级	合计	增长（%）	甲级	增长（%）	合计	增长（%）	甲级	增长（%）
10	江苏	551	227	576	4.54	265	16.74	594	3.13	297	12.08
11	浙江	380	205	384	1.05	224	9.27	384	0.00	234	4.46
12	安徽	315	49	326	3.49	73	48.98	340	4.29	88	20.55
13	福建	122	66	126	3.28	72	9.09	133	5.56	77	6.94
14	江西	143	30	140	−2.10	38	26.67	148	5.71	46	21.05
15	山东	642	178	582	−9.35	164	−7.87	575	−1.20	164	0.00
16	河南	307	50	306	−0.33	67	34.00	296	−3.27	70	4.48
17	湖北	327	110	326	−0.31	123	11.82	329	0.92	145	17.89
18	湖南	263	67	267	1.52	83	23.88	269	0.75	97	16.87
19	广东	334	155	345	3.29	171	10.32	361	4.64	191	11.70
20	广西	110	30	108	−1.82	34	13.33	111	2.78	42	23.53
21	海南	30	13	30	0.00	15	15.38	40	33.33	18	20.00
22	重庆	183	91	203	10.93	97	6.59	219	7.88	102	5.15
23	四川	360	144	381	5.83	176	22.22	401	5.25	190	7.95
24	贵州	82	17	92	12.20	26	52.94	93	1.09	29	11.54
25	云南	133	41	134	0.75	51	24.39	163	21.64	65	27.45
26	西藏	2	2	—	—	—	—	—	—	—	—
27	陕西	152	66	160	5.26	76	15.15	168	5.00	84	10.53
28	甘肃	118	10	130	10.17	12	20.00	134	3.08	16	33.33
29	青海	37	3	42	13.51	4	33.33	45	7.14	5	25.00
30	宁夏	43	10	47	9.30	14	40.00	52	10.64	17	21.43
31	新疆	138	33	153	10.87	45	36.36	156	1.96	50	11.11
32	行业归口	246	246	238	−3.25	238	−3.25	233	−2.10	233	−2.10

其中，2013～2015年，我国不同区域及地区工程造价咨询企业数量变化如图4-4和图4-5所示。

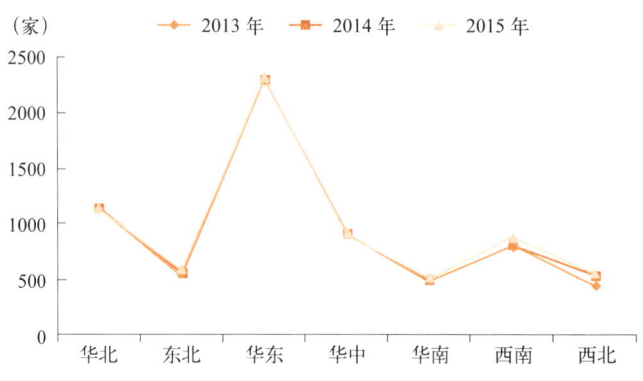

图4-4 不同区域工程造价咨询企业数量变化

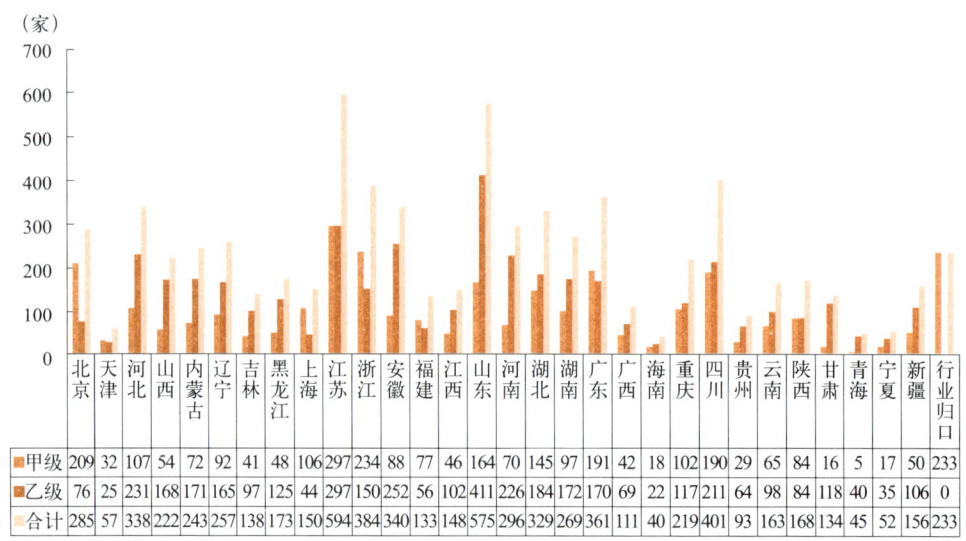

图4-5 各地区工程造价咨询企业数量变化

不同等级工程造价咨询企业在不同区域及地区的分布数量反映了该地区工程造价行业的发展状况。通过以上列表及图示信息可知：

(1) 2013～2015年，我国不同区域工程造价咨询企业数量规模及其变化趋势均有所差异。基于各地区的经济结构发展状况的影响，华东地区工程造价咨询企业数量最多，西北地区工程造价咨询企业数量最少。同时，华东、华北和华中地区工程造价企业数量基本保持不变，而西南、西北和华南地区的工程造价企业数量则出现了一定程度的增长趋势，工程造价行业市场发展形势渐趋激烈。

(2) 2013～2015 年，我国具体各地区工程造价咨询企业数量规模及其变化趋势差别较大。总体来说，企业数量呈上升态势的地区有 23 个，其中连续增长最快的三个地区是海南、云南和青海，平均增幅分别为 16.7%、11.2% 和 10.3%，而天津地区则出现了较大程度减增波动；企业数量呈下降态势的主要有山东、山西和河南等地，其中山东地区也出现了较大程度的波动；而另外有湖北、广西、浙江等几个地区保持基本持平的状态。

第二节　从业人员结构分析

一、2015 年从业人员构成情况分析

2015 年，通过《工程造价咨询统计报表制度系统》上报的 7107 家工程造价咨询企业中，共有从业人员 414405 人。其中，正式聘用员工 381518 人，占比 92.06%，临时聘用人员 32887 人，占比 7.94%；注册造价工程师 73612 人，占比 17.76%，造价员 108624 人，占比 26.21%；专业技术人员 282563 人，占比 68.18%（其中，高级职称人员 59571 人，中级职称人员 146194 人，初级职称人员 76798 人，各级别职称人员占专业技术人员比例分别为 21.08%、51.74%、27.18%），如图 4-6 和图 4-7 所示。

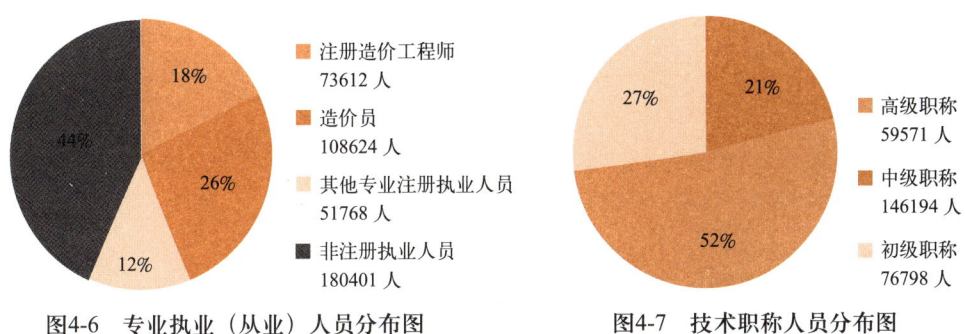

图4-6　专业执业（从业）人员分布图　　　图4-7　技术职称人员分布图

工程造价咨询行业的主要投入品是人力资本，主要供应方是专业技术人员，其构成直接影响了该行业相关业务服务提供的质量和效率，进而影响行业的发展

前景。2015年，我国工程造价咨询企业414405位从业人员中，正式聘用员工已达92%，仅有约8%的比例属于临时聘用员工，有助于在人力资本投入上保证企业业务开展的专业性及服务的质量。具体到专业执业（从业）人员及从业技术职称人员的分布比例，由上图可以看出，作为该行业的高端从业人员，注册造价工程师和高级职称人员依然处于较为紧缺的局面，注册造价工程师为18%，高级职称人员为21%，在当前我国资格认证管理制度下行业高端从业人员依然偏少。所以，未来工程造价咨询行业的人才发展计划中，有必要改善当前专业从业人员的结构分布，注重行业高端人才的培养和能力的提升。

2015年末，我国各地区工程造价咨询企业中从业人员具体情况见表4-7。

2015年各地区工程造价咨询企业从业人员分类统计表（人） 表4-7

序号	省份	期末从业人员			期末专业技术人员				期末注册（登记）执业（从业）人员		
		合计	正式聘用人员	临时工作人员	合计	高级职称人员	中级职称人员	初级职称人员	注册造价工程师	造价员	期末其他专业注册执业人员
0	合计	414405	381518	32887	282563	59571	146194	76798	73612	108624	51768
1	北京	18602	17804	798	9827	1998	5333	2496	4512	7067	1126
2	天津	4164	3731	433	3176	725	1379	1072	708	1291	634
3	河北	12662	11678	984	8762	1731	5313	1718	2996	3896	1389
4	山西	6837	5806	1031	4726	729	3224	773	1866	2443	499
5	内蒙古	5623	4893	730	4334	1022	2683	629	1851	2447	409
6	辽宁	6762	6471	291	5151	1150	2888	1113	2219	3271	288
7	吉林	5229	4686	543	4054	1135	1933	986	1081	1689	619
8	黑龙江	4294	3902	392	3193	905	1765	523	1303	1713	242
9	上海	18427	15293	3134	12469	2371	5652	4446	2685	2090	3022
10	江苏	24806	23437	1369	17959	3584	9423	4952	6772	9469	2766
11	浙江	25719	24536	1183	17217	2629	8680	5908	4460	8002	2929
12	安徽	15265	13071	2194	10548	2151	5474	2923	3028	3970	1708
13	福建	11796	11165	631	8393	1278	4105	3010	1756	2198	2172

续表

序号	省份	期末从业人员			期末专业技术人员				期末注册（登记）执业（从业）人员		
		合计	正式聘用人员	临时工作人员	合计	高级职称人员	中级职称人员	初级职称人员	注册造价工程师	造价员	期末其他专业注册执业人员
14	江西	4017	3689	328	2789	545	1622	622	1211	1937	274
15	山东	24306	21700	2606	17239	2863	8933	5443	5287	6759	2735
16	河南	12965	12202	763	9198	1202	5130	2866	2666	3568	1670
17	湖北	9948	9310	638	6622	1282	4165	1175	3044	4001	622
18	湖南	10176	9165	1011	6707	1137	4454	1116	2504	3009	1288
19	广东	28374	27087	1287	17496	2976	8603	5917	4224	6165	2763
20	广西	6795	6544	251	4491	977	2364	1150	1053	1656	1308
21	海南	1448	1398	50	988	167	511	310	366	573	163
22	重庆	8940	8372	568	5281	1016	3148	1117	2327	4359	614
23	四川	33229	31565	1664	22144	4474	13098	4572	4246	10406	6460
24	贵州	6655	6089	566	4501	1018	2348	1135	935	891	1004
25	云南	7158	6658	500	4622	871	2400	1351	1554	3161	828
26	陕西	11512	9882	1630	8146	1699	4354	2093	1756	3093	1694
27	甘肃	8882	7931	951	5887	1051	3046	1790	1014	1332	1701
28	青海	1203	1053	150	859	202	422	235	274	506	104
29	宁夏	2486	2218	268	1506	335	664	507	506	953	203
30	新疆	4852	4510	342	3117	631	1843	643	1352	1665	446
31	行业归口	71273	65672	5601	51161	15717	21237	14207	4056	5044	10088

由表4-8可以看出，我国不同地区工程造价咨询企业从业人员分布差异较大，四川、广东、江苏等地的从业人员总数排在前三位，高达33229人，四川、江苏、广东等地的专业技术人员总数排在前三位，高达22144人。具体到高、中、初级职称人员的数量，四川、江苏、广东等地拥有高级职称人员的数量排在前三位，四川、江苏、山东等地拥有中级职称人员总数排在前三位。就期末注册（登记）执业（从业）人员数量而言，江苏、山东和浙江等地的企业中造价工程师总数排在前三位，高达

6772 人，四川、江苏和浙江等地的造价员总数排在前三位，高达 10406 人。

二、2013～2015 年度从业人员结构总体情况概述

（一）从业人员总体情况

2013～2015 年末，工程造价咨询企业从业人员分别为 334543 人、412591 人、414405 人，分别比其上一年增长 15.1%、23.3%、0.44%。其中，正式聘用员工分别为 303716 人、379154 人、381518 人，分别占年末从业人员总数的 90.79%、91.90%、92.06%；临时聘用人员分别为 30827 人、33437 人、32887 人，分别占年末从业人员总数的 9.84%、8.10%、7.94%。

（二）注册造价工程师总体情况

2013～2015 年末，工程造价咨询企业中，拥有的注册造价工程师分别为 65635 人、68959 人、73612 人，占年末从业人员总数的 19.62%、16.71%、17.76%，分别比其上一年增长 5.86%、5.06%、6.75%；造价员分别为 94473 人、104151 人、108624 人，占年末从业人员总数的 28.24%、25.24%、26.21%，分别比其上一年增长 10.77%、10.24%、4.29%。

（三）专业技术人员总体情况

2013～2015 年末，工程造价咨询企业共有专业技术人员分别为 233592 人、286928 人、282563 人，占年末从业人员总数的 69.82%、69.54%、68.18%，分别比其上一年增长 6.66%、22.83%、-1.52%。其中，高级职称人员分别为 49111 人、62745 人、59571 人，占全部专业技术人员的比例分别为 21.02%、21.87%、21.08%，分别比其上一年增长 4.65%、27.76%、-5.06%。

三、2013～2015 年度从业人员构成统计情况对比分析

（一）2013～2015 年度从业人员总体统计信息

工程造价咨询企业从业人员情况如表 4-8 所示。

工程造价咨询企业从业人员情况（人） 表4-8

序号	年份	期末从业人员		
		合计	正式聘用人员	临时工作人员
1	2013年	334543	303716	30827
2	2014年	412591	379154	33437
3	2015年	414405	381518	32887

注册（登记）执业（从业）人员情况如表4-9所列。

注册（登记）执业（从业）人员情况（人） 表4-9

序号	年份	期末注册（登记）执业（从业）人员		
		注册造价工程师	造价员	期末其他专业注册执业人员
1	2013年	65635	94473	46049
2	2014年	68959	104151	71244
3	2015年	73612	108624	51768

专业技术人员情况如表4-10所列。

专业技术人员职称情况（人） 表4-10

序号	年份	期末专业技术人员			
		合计	高级职称人员	中级职称人员	初级职称人员
1	2013年	233592	49111	124219	60262
2	2014年	286928	62745	146837	77346
3	2015年	282563	59571	146194	76798

其中，2013～2015年工程造价咨询企业从业人员数量统计变化如图4-8～图4-10所示。

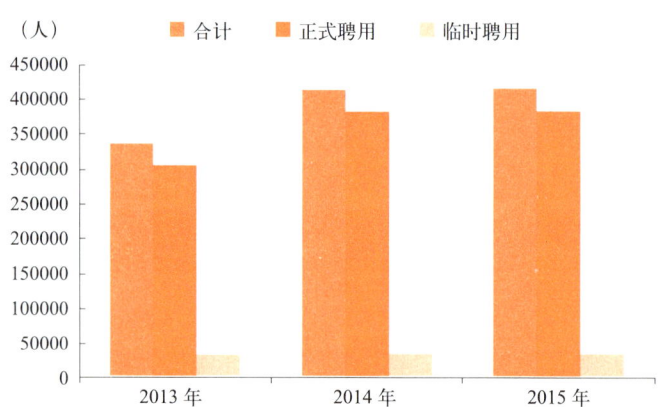

图4-8 工程造价咨询企业从业人员聘用情况数量统计变化

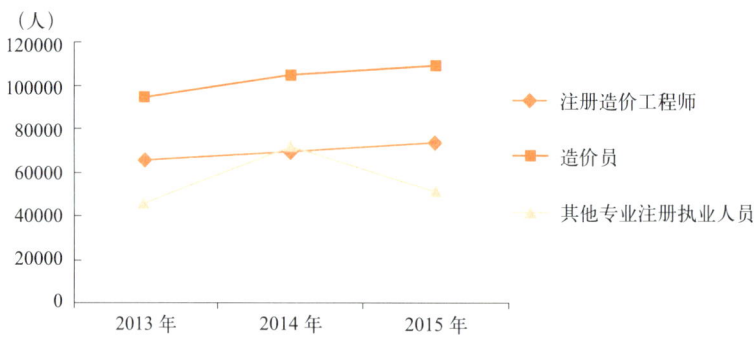

图4-9 工程造价咨询企业从业人员注册情况数量统计变化

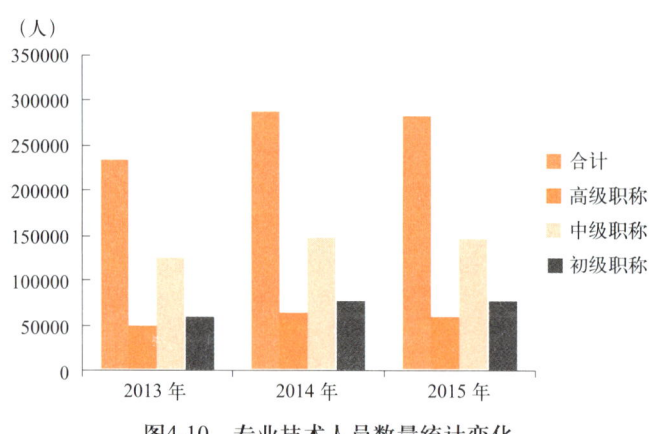

图4-10 专业技术人员数量统计变化

通过以上列表及图示信息可以看出:

(1) 2013~2015 年，我国造价咨询企业从业人员总数依然逐年上升，但 2015 年的增长率仅为 0.44%，总体规模基本保持不变。其中正式聘用员工的比例呈现逐年上升的趋势，说明该行业从业人员结构不断趋于规范化，有利于企业管理和服务水平的提高。

(2) 2013~2015 年，我国造价咨询企业拥有注册造价师的规模逐年提高，保持着平均约为 6% 的增长率，一定程度上提升了行业技术人才服务的水平。相比而言，造价员依然占比较大，但其每年增长率开始减小，增幅收窄。其他注册执业人员的规模则有所波动，即在经历了 2014 年较大幅度的增长后，2015 年却出现一定程度的下降趋势。

(3) 2013~2015 年，我国工程造价咨询企业拥有专业技术人员的规模总体呈上升趋势，但 2015 年出现了较小幅度的降低，为 1.52%。相应地，高级职称人员的规模在经历了 2014 年较大幅度的增长后，2015 年呈现出一定程度的下降，占全部专业技术人员的比例基本不变，约为 21%。中级职称人员依然占比最高，初级职称人员次之。因此，在当前造价咨询行业规模基本保持不变的情况下，应通过加强提高行业高端人才的比例结构，从根本上促进行业的稳定发展。

(二) 2013~2015 年度从业人员构成分地区统计信息

各地区从业人员情况如表 4-11 所列。

各地区期末从业人员情况（人） 表4-11

序号	省份	2013 年		2014 年				2015 年			
		合计	其中正式聘用人员	合计	增长(%)	其中正式聘用人员	增长(%)	合计	增长(%)	其中正式聘用人员	增长(%)
0	合计	334543	303716	412591	23.33	379154	24.84	414405	0.44	381518	0.62
1	北京	16409	15440	21792	32.81	20496	32.75	18602	-14.64	17804	-13.13
2	天津	4752	3643	3643	-23.34	3153	-13.45	4164	14.30	3731	18.33
3	河北	10929	9872	12485	14.24	11319	14.66	12662	1.42	11678	3.17
4	山西	6565	5744	7176	9.31	6216	8.22	6837	-4.72	5806	-6.60

续表

序号	省份	2013年		2014年				2015年			
		合计	其中正式聘用人员	合计	增长(%)	其中正式聘用人员	增长(%)	合计	增长(%)	其中正式聘用人员	增长(%)
5	内蒙古	4740	4187	5504	16.12	4691	12.04	5623	2.16	4893	4.31
6	辽宁	5982	5736	6477	8.27	6255	9.05	6762	4.40	6471	3.45
7	吉林	4566	4067	4939	8.17	4620	13.60	5229	5.87	4686	1.43
8	黑龙江	3680	3246	4577	24.38	4221	30.04	4294	−6.18	3902	−7.56
9	上海	15018	11809	17220	14.66	14208	20.32	18427	7.01	15293	7.64
10	江苏	22119	20724	30750	39.02	28974	39.81	24806	−19.33	23437	−19.11
11	浙江	21793	20594	24896	14.24	23602	14.61	25719	3.31	24536	3.96
12	安徽	13774	11321	15164	10.09	12700	12.18	15265	0.67	13071	2.92
13	福建	9636	9022	11956	24.08	11325	25.53	11796	−1.34	11165	−1.41
14	江西	3431	3044	3880	13.09	3506	15.18	4017	3.53	3689	5.22
15	山东	25398	22360	23710	−6.65	20933	−6.38	24306	2.51	21700	3.66
16	河南	10922	10217	12236	12.03	11423	11.80	12965	5.96	12202	6.82
17	湖北	9854	8873	9441	−4.19	8726	−1.66	9948	5.37	9310	6.69
18	湖南	7928	7273	9511	19.97	8489	16.72	10176	6.99	9165	7.96
19	广东	17519	17075	25181	43.74	24569	43.89	28374	12.68	27087	10.25
20	广西	6315	6090	6534	3.47	6171	1.33	6795	3.99	6544	6.04
21	海南	1266	1231	1231	−2.76	1204	−2.19	1448	17.63	1398	16.11
22	重庆	9470	9062	10443	10.27	9417	3.92	8940	−14.39	8372	−11.10
23	四川	22599	20838	32185	42.42	30720	47.42	33229	3.24	31565	2.75
24	贵州	4944	4575	5261	6.41	5042	10.21	6655	26.50	6089	20.77
25	云南	4342	3907	5093	17.30	4651	19.04	7158	40.55	6658	43.15
26	西藏	82	78	—	—	—	—	—	—	—	—
27	陕西	9618	8370	10278	6.86	8753	4.58	11512	12.01	9882	12.90
28	甘肃	5278	4817	7553	43.10	6616	37.35	8882	17.60	7931	19.88
29	青海	899	803	1020	13.46	867	7.97	1203	17.94	1053	21.45
30	宁夏	1852	1576	2334	26.03	2048	29.95	2486	6.51	2218	8.30
31	新疆	4130	3758	4699	13.78	4363	16.10	4852	3.26	4510	3.37
32	行业归口	48733	44364	75422	54.77	69876	57.51	71273	−5.50	65672	−6.02

由表4-12可以看出，我国工程造价行业的发展具有明显区域不平衡的特点，工程造价咨询行业的执业（专业）人员更愿意在经济状况良好且具有区位优势的地区就业，其中，2015年，广东、浙江和江苏地区的期末从业人员最多，青海、海南和宁夏地区的期末从业人员最少。就各地区从业人员的变化情况而言，2013～2015年，大部分地区的行业从业人员规模保持增长趋势，但增长幅度逐渐变小，如广东、浙江、上海等，部分地区如云南、贵州、海南等，增长幅度依然越来越大，高达41%。然而，江苏、北京、重庆等地在经历了2014年较大的增长趋势后，2015年却出现了不同程度的下降趋势，天津、湖北、山东等地在经历了2014年一定程度的下降趋势后，2015年却出现了不同程度的增长趋势。

各地区注册（登记）执业（从业）人员情况见表4-12。

各地区期末注册（登记）执业（从业）人员情况（人） 表4-12

序号	省份	2013年		2014年				2015年			
		注册造价工程师	造价员	注册造价工程师	增长(%)	造价员	增长(%)	注册造价工程师	增长(%)	造价员	增长(%)
0	合计	65635	94473	68959	5.06	104151	10.24	73612	6.75	108624	4.29
1	北京	3787	6063	4167	10.03	6614	9.09	4512	8.28	7067	6.85
2	天津	668	1205	524	-21.56	1053	-12.61	708	35.11	1291	22.60
3	河北	2833	3426	2997	5.79	3931	14.74	2996	-0.03	3896	-0.89
4	山西	1855	2677	1950	5.12	2745	2.54	1866	-4.31	2443	-11.00
5	内蒙古	1658	2013	1781	7.42	2285	13.51	1851	3.93	2447	7.09
6	辽宁	1963	2871	2047	4.28	3143	9.47	2219	8.40	3271	4.07
7	吉林	880	1438	982	11.59	1670	16.13	1081	10.08	1689	1.14
8	黑龙江	1215	1709	1249	2.80	1681	-1.64	1303	4.32	1713	1.90
9	上海	2404	1799	2597	8.03	2074	15.29	2685	3.39	2090	0.77
10	江苏	5954	7557	6354	6.72	9002	19.12	6772	6.58	9469	5.19
11	浙江	4113	7302	4239	3.06	7828	7.20	4460	5.21	8002	2.22
12	安徽	2431	3829	2737	12.59	3985	4.07	3028	10.63	3970	-0.38

续表

序号	省份	2013年		2014年				2015年			
		注册造价工程师	造价员	注册造价工程师	增长(%)	造价员	增长(%)	注册造价工程师	增长(%)	造价员	增长(%)
13	福建	1498	1749	1637	9.28	2011	14.98	1756	7.27	2198	9.30
14	江西	1023	1398	1078	5.38	1612	15.31	1211	12.34	1937	20.16
15	山东	5589	7167	5181	−7.30	6836	−4.62	5287	2.05	6759	−1.13
16	河南	2507	3301	2578	2.83	3462	4.88	2666	3.41	3568	3.06
17	湖北	2752	3493	2872	4.36	3870	10.79	3044	5.99	4001	3.39
18	湖南	2224	2529	2332	4.86	2893	14.39	2504	7.38	3009	4.01
19	广东	3680	5121	3945	7.20	5790	13.06	4224	7.07	6165	6.48
20	广西	982	1344	984	0.20	1541	14.66	1053	7.01	1656	7.46
21	海南	285	492	279	−2.11	502	2.03	366	31.18	573	14.14
22	重庆	1869	3117	2141	14.55	3569	14.50	2327	8.69	4359	22.14
23	四川	3500	8050	3870	10.57	9574	18.93	4246	9.72	10406	8.69
24	贵州	766	607	884	15.40	705	16.14	935	5.77	891	26.38
25	云南	1197	3020	1137	−5.01	3419	13.21	1554	36.68	3161	−7.55
26	西藏	20	19	—	—	—	—	—	—	—	—
27	陕西	1417	2591	1530	7.97	2821	8.88	1756	14.77	3093	9.64
28	甘肃	859	1145	970	12.92	1277	11.53	1014	4.54	1332	4.31
29	青海	207	477	238	14.98	582	22.01	274	15.13	506	−13.06
30	宁夏	390	764	438	12.31	863	12.96	506	15.53	953	10.43
31	新疆	1122	1352	1261	12.39	1533	13.39	1352	7.22	1665	8.61
32	行业归口	3987	4848	3980	−0.18	5280	8.91	4056	1.91	5044	−4.47

其中，不同地区注册造价工程师数量统计变化的柱状分析如图4-11所示。

由表4-13和图4-11可以看出，受限于我国各地经济发展状况以及对于工程造价专业人员需求和吸引力的不同，经济发展较好的地区造价工程师和造价员的数量处于较高的水平。2013～2015年，江苏、北京、浙江等地造价工程师和造

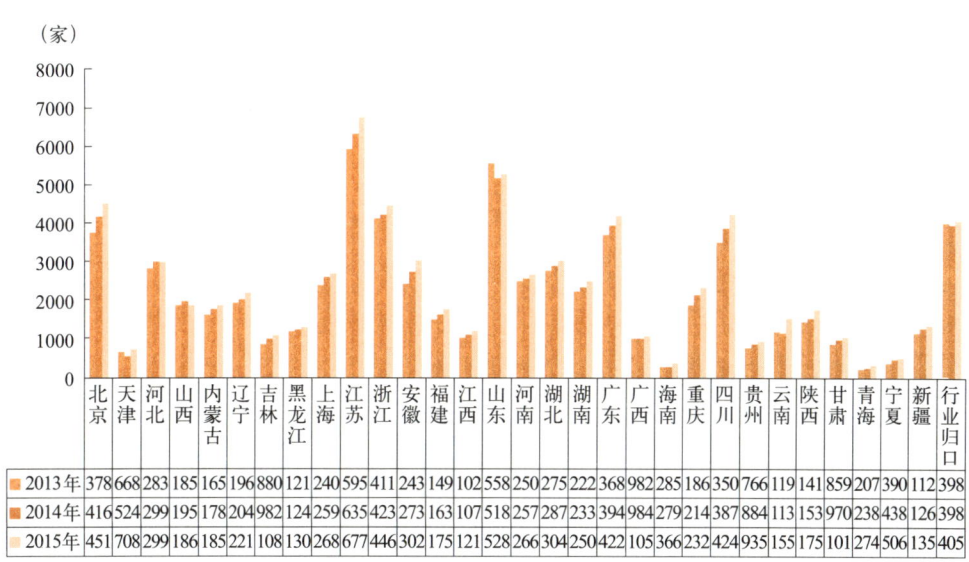

图4-11 各地区注册造价工程师数量统计变化

价员等从业人员的数量均处在全国领先地位，且大部分地区造价工程师和造价员的变化幅度较为稳定，仅天津、海南、山西等几个地区出现不同程度的波动。比如，天津地区造价工程师和造价员数量在经历了2014年-21.56%和-12.61%的大幅下降后，2015年又呈现上升趋势，且造价工程师的增长高达35%；山西地区造价工程师和造价员数量在经历了2014年5.12%和2.54%的增长后，2015年却呈现出下降的趋势，一定程度上说明了这些地区造价行业的造价师和造价员的市场容量经历着不同程度和方向的扩增和饱和，变化的结果将是达到相适应的另一种新的均衡。

第三节 市场集中度分析

一、2013～2015年度市场规模总体情况概述

（一）业务收入总体情况

2015年，工程造价咨询企业的营业收入为1075.86亿元，其中工程造价咨询

业务收入 512.74 亿元，占 47.66%；招标代理业务收入 113 亿元；建设工程监理业务 225.17 亿元；项目管理业务收入 158.97 亿元；工程咨询业务收入 65.97 亿元。

2013～2015 年，我国造价咨询企业的营业收入分别为 995.42 亿元、1064.19 亿元、1075.86 亿元，比其上一年分别增长 28.24%、6.91%、1.10%。其中，造价咨询业务收入分别为 419.56 亿元、479.25 亿元、512.74 亿元，所占比例分别为 42.15%、45.03%、47.66%，比其上一年分别增长 19.33%、14.23%、6.99%。

（二）企业盈利总体情况

根据上报资料统计，2015 年工程造价咨询企业实现利润总额为 103.61 亿元，上缴所得税合计为 25.02 亿元。

2013～2015 年，我国上报的工程造价咨询企业实现的利润总额分别为 82.81 亿元、103.88 亿元、103.61 亿元，分别比其上一年增长为 13.58%、25.45%、-0.26%。

以上数据说明，2013～2015 年，我国造价咨询行业市场规模逐年增长，行业处于发展阶段。然而，这些造价咨询企业的营业收入和造价咨询业务收入增幅均逐年减小，增速收窄，行业竞争越来越激烈。此外，2013～2015 年我国工程造价咨询企业实现的利润总额总体来说依然呈上升趋势，但在经历了 2014 年较大的增长幅度后，2015 年总体与 2014 年持平，但小幅下跌 0.26%，一定程度上说明了虽然我国造价咨询企业总数和从业人员数量越来越大，但愈发激烈的竞争导致该行业出现了供给过剩的状态。

二、2015 年市场集中度分析

市场集中度是对某行业市场结构集中程度的测量指标，用以衡量该行业内企业的数目和相对规模的差异，是行业市场势力的重要量化指标。市场绝对集中度（CR_n）是指某行业相关市场内前 N 家企业所占市场份额的总和，一般用这 N 家企业的某一业务指标（如生产、销售或资产等）占该行业该业务总量的百分比来表示。

据统计，2015 年，排名前百位工程造价咨询企业业务收入合计约为 100.90 亿元，同比增长 0.75%。收入排名第 1 位的企业造价咨询业务的收入约为 3.41 亿元，比上年排名第 1 位的企业同类业务收入增长约 4.5%，收入排名第 100 位的企业造价咨询业务的收入为 5719.17 万元，比上年排名第 100 位的企业同类业务收入增长约 3.7%。

根据我国 2015 年度业务收入前 100 名企业造价咨询业务收入计算其市场份额占有比率如表 4-13 所列。

2015年工程造价咨询企业造价咨询业务收入前100名市场份额排序表　　表4-13

排名	企业名称	资质等级	造价咨询业务收入（万元）	占全国总造价咨询业务收入比率（%）
1	上海东方投资监理有限公司	甲级	34135.44	0.660
2	信永中和（北京）国际工程管理咨询有限公司	甲级	28220.03	0.545
3	中国建设银行股份有限公司深圳市分行	甲级	27050.64	0.523
4	天职（北京）国际工程项目管理有限公司	甲级	24134.00	0.466
5	北京华建联造价工程师事务所	甲级	21130.57	0.408
6	中竞发（北京）工程造价咨询有限公司	甲级	19103.57	0.369
7	万邦工程管理咨询有限公司	甲级	18341.68	0.354
8	铁道第三勘察设计院集团有限公司	甲级	18028.00	0.348
9	上海沪港建设咨询有限公司	甲级	17285.00	0.334
10	中国建设银行股份有限公司天津市分行	甲级	17149.57	0.331
11	北京中天恒达工程咨询有限责任公司	甲级	16213.93	0.313
12	中大信（北京）工程造价咨询有限公司	甲级	15861.90	0.307
13	昆明华昆工程造价咨询有限公司	甲级	14746.92	0.285
14	天健万隆工程咨询有限公司	甲级	14572.45	0.282
15	中联造价咨询有限公司	甲级	14520.42	0.281
16	北京中瑞岳华工程造价咨询有限公司	甲级	14364.32	0.278
17	中国建设银行股份有限公司浙江省分行	甲级	14309.98	0.277
18	上海第一测量师事务所有限公司	甲级	13035.00	0.252
19	四川开元工程项目管理咨询有限公司	甲级	12559.87	0.243
20	万隆建设工程咨询集团有限公司	甲级	12284.05	0.237

续表

排名	企业名称	资质等级	造价咨询业务收入（万元）	占全国总造价咨询业务收入比率（%）
21	上海申元工程投资咨询有限公司	甲级	12129.00	0.234
22	华诚博远（北京）投资顾问有限公司	甲级	12103.16	0.234
23	中国建设银行股份有限公司上海市分行	甲级	11689.01	0.226
24	上海中世建设咨询有限公司	甲级	11681.00	0.226
25	北京兴中海建工程造价咨询有限公司	甲级	10987.42	0.212
26	中国建设银行股份有限公司广东省分行	甲级	10886.00	0.210
27	北京中建华投资顾问有限公司	甲级	10654.88	0.206
28	华春建设工程项目管理有限责任公司	甲级	10583.83	0.205
29	北京思泰工程咨询有限公司	甲级	10551.00	0.204
30	北京筑标建设工程咨询有限公司	甲级	10250.97	0.198
31	北京永拓工程咨询股份有限公司	甲级	10199.35	0.197
32	四川华信工程造价咨询事务所有限责任公司	甲级	10152.12	0.196
33	上海大华工程造价咨询有限公司	甲级	10071.00	0.195
34	浙江科佳工程咨询有限公司	甲级	10030.00	0.194
35	中国建设银行股份有限公司辽宁省分行	甲级	9924.00	0.192
36	广州建成工程咨询股份有限公司	甲级	9683.39	0.187
37	北京恒诚信工程咨询有限公司	甲级	9633.00	0.186
38	上海财瑞建设管理有限公司	甲级	9553.37	0.185
39	北京中昌工程咨询有限公司	甲级	8853.86	0.171
40	浙江建经投资咨询有限公司	甲级	8850.05	0.171
41	北京威宁谢工程咨询有限公司	甲级	8841.00	0.171
42	中审世纪工程造价咨询（北京）有限公司	甲级	8833.61	0.171
43	中审华国际工程咨询（北京）有限公司	甲级	8720.69	0.169
44	中国电力工程顾问集团西南电力设计院有限公司	甲级	8636.54	0.167
45	四川正信建设工程造价事务所有限公司	甲级	8587.04	0.166
46	中铁工程设计咨询集团有限公司	甲级	8560.00	0.165
47	中国建设银行股份有限公司北京市分行	甲级	8537.09	0.165

续表

排名	企业名称	资质等级	造价咨询业务收入（万元）	占全国总造价咨询业务收入比率（%）
48	上海正弘建设工程顾问有限公司	甲级	8444.80	0.163
49	江苏正中国际工程咨询有限公司	甲级	8356.11	0.162
50	希格玛工程造价咨询有限公司	甲级	8301.30	0.160
51	中冶赛迪工程技术股份有限公司	甲级	8278.01	0.160
52	四川同兴达诚兴建设工程项目管理有限公司	甲级	8255.95	0.160
53	北京东方华太工程咨询有限公司	甲级	8140.00	0.157
54	北京京园诚得信工程管理有限公司	甲级	8137.38	0.157
55	宁波科信建设工程造价咨询有限公司	甲级	8067.00	0.156
56	银川市鸿利建设工程咨询有限公司	甲级	8060.00	0.156
57	华审（北京）工程造价咨询有限公司	甲级	8039.71	0.155
58	中国建设银行股份有限公司新疆维吾尔自治区分行	甲级	7986.59	0.154
59	江苏天宏华信工程投资管理咨询有限公司	甲级	7982.84	0.154
60	中国电力工程顾问集团华东电力设计院有限公司	甲级	7968.00	0.154
61	江苏苏亚金诚工程管理咨询有限公司	甲级	7957.22	0.154
62	北京公正鑫业工程造价咨询有限公司	甲级	7946.30	0.154
63	广东华联建设投资管理股份有限公司	甲级	7897.41	0.153
64	江苏兴光项目管理有限公司	甲级	7764.70	0.150
65	中诚工程建设管理（苏州）有限公司	甲级	7585.52	0.147
66	中磊工程造价咨询有限责任公司	甲级	7546.00	0.146
67	宁波德威工程造价投资咨询有限公司	甲级	7537.31	0.146
68	北京华审金建工程造价咨询有限公司	甲级	7536.06	0.146
69	中国电力工程顾问集团西北电力设计院有限公司	甲级	7453.00	0.144
70	北京天健中宇工程咨询有限公司	甲级	7424.00	0.143
71	中建投咨询有限责任公司	甲级	7236.40	0.140
72	中国建设银行股份有限公司山东省分行	甲级	7189.63	0.139
73	北京市市政工程设计研究总院有限公司	甲级	7090.85	0.137

续表

排名	企业名称	资质等级	造价咨询业务收入（万元）	占全国总造价咨询业务收入比率（%）
74	电力规划总院有限公司	甲级	6920.75	0.134
75	陕西鸿英工程造价咨询有限公司	甲级	6886.54	0.133
76	宁波中冠工程管理咨询有限公司	甲级	6861.47	0.133
77	浙江天平投资咨询有限公司	甲级	6839.30	0.132
78	北京文新创展工程造价咨询有限公司	甲级	6648.80	0.129
79	中铁第一勘察设计院集团有限公司	甲级	6624.00	0.128
80	北京建友工程造价咨询有限公司	甲级	6612.98	0.128
81	中正信造价咨询有限公司	甲级	6579.16	0.127
82	云南云岭工程造价咨询事务所有限公司	甲级	6430.59	0.124
83	四川成化工程项目管理有限公司	甲级	6352.64	0.123
84	北京中兴新世纪工程造价咨询有限公司	甲级	6301.00	0.122
85	天津市兴业工程造价咨询有限责任公司	甲级	6289.68	0.122
86	北京中证天通工程造价咨询有限公司	甲级	6196.81	0.120
87	上海容基工程项目管理有限公司	甲级	6183.00	0.120
88	上海文汇工程咨询有限公司	甲级	6135.73	0.119
89	广东海力建设工程咨询有限公司	甲级	6120.90	0.118
90	江苏立信建设工程造价咨询有限公司	甲级	6039.11	0.117
91	北京金马威工程咨询有限公司	甲级	6034.52	0.117
92	北京求实工程管理有限公司	甲级	6016.45	0.116
93	中国能源建设集团广东省电力设计研究院有限公司	乙级	5922.92	0.114
94	北京中平建工程造价咨询有限公司	甲级	5866.52	0.113
95	中国建筑西南设计研究院有限公司	甲级	5845.43	0.113
96	中冶长天国际工程有限责任公司	甲级	5822.00	0.113
97	江苏捷宏工程咨询有限责任公司	甲级	5808.16	0.112
98	陕西正衡工程项目管理有限公司	甲级	5772.31	0.112
99	上海东华建设造价咨询有限公司	甲级	5742.40	0.111
100	中德华建（北京）国际工程技术有限公司	甲级	5719.17	0.111

通过对表4-14中前百名企业市场份额占有率的进一步计算，2015年我国工程造价咨询企业关于造价咨询业务收入排名前5、前10、前30、前50、前100的企业行业市场集中度分别为2.603%、4.341%、9.249%、12.782%、19.501%，说明工程造价咨询行业绝大多数企业规模依然较小，业务提供较为分散。由于工程造价咨询专业横向跨度大，且不同专业分属不同主管部门，各专业一般都有自己特定的标准定额和技术规范体系，加之一些行业还存在较严重的行业市场保护，工程造价咨询企业难以涉足不同行业的工程造价咨询市场，导致工程造价咨询行业市场集中度偏低。

三、2013～2015年度市场集中度对比分析

（一）2013～2015年度市场集中度总体对比分析

据统计，2013～2015年度我国造价工程咨询行业业务收入排名前百位的企业造价咨询业务收入合计分别为84.71亿元、100.15亿元、100.90亿元，比其上一年分别增长13.22%、18.23%、0.75%。同时，根据我国2013～2015年度业务收入前100名企业市场份额统计信息，计算出2013～2015年度我国工程造价咨询行业前5、前10、前30、前50及前100名工程造价咨询企业关于造价咨询业务的市场集中度见表4-14和图4-12所示。

2013～2015年度不同排名工程造价咨询企业市场集中度计算表　　表4-14

序号	年份	市场集中度				
		CR_5（%）	CR_{10}（%）	CR_{30}（%）	CR_{50}（%）	CR_{100}（%）
1	2013年	2.993	4.825	9.917	13.499	20.180
2	2014年	2.710	4.673	10.283	14.015	20.898
3	2015年	2.603	4.341	9.249	12.782	19.501

根据我国工程造价咨询行业前5、前10、前30、前50及前100名工程造价咨询企业关于造价咨询业务的市场集中度数据信息来看，除在2014年的CR_{30}、CR_{50}、CR_{100}稍有增长外，2013～2015年总体均呈现下降的趋势。其中，近三年来CR_5、CR_{10}不断降低，排名前5的企业市场集中度分别为2.993%、2.710%、

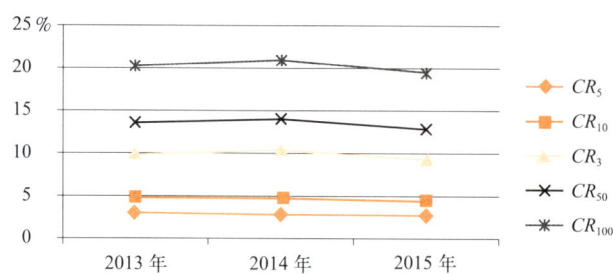

图4-12 2013~2015年度不同排名工程造价咨询企业市场集中度

2.603%，排名前10的企业市场集中度分别为4.825%、4.673%、4.341%。

工程造价咨询行业市场集中度的降低趋势一定程度上说明了虽然我国工程造价咨询行业市场规模依然是在逐年增长，但随着增长幅度下降，导致造价咨询业务的市场集中度无法真正得到提高，甚至出现下降的趋势。行业内绝大多数企业规模依然较小，行业服务的提供无法集中。未来几年，随着市场化的进一步提高，各企业为了争取更大的市场份额，势必加剧彼此之间的竞争，优胜劣汰的结果将会促进大型咨询企业的发展，从而提高造价咨询业务的市场集中度及业务服务效率。同时，诸多"管理模范"的出台，对项目咨询准许条例增多，对咨询企业的硬件和软件提出更具体的要求，增加了项目进入门槛，促使更多企业把精力放在提升自身实力上，进而促进行业整体水平的提升。

（二）2013～2015年度市场集中度分区域对比分析

根据2013～2015年我国工程造价咨询企业关于造价咨询业务收入前100名市场份额排序表，按照其不同归口管理的行业或地区，分别计算出不同区域或行业的市场集中度，具体信息如表4-15和图4-13所示。

2013~2015年度不同区域工程造价咨询企业市场集中度　　表4-15

序号	年份	华北(%)	东北(%)	华东(%)	华中(%)	华南(%)	西南(%)	西北(%)	行业(%)
1	2013年	5.251	0.496	6.280	0.124	1.122	1.273	0.541	5.102
2	2014年	5.998	0.858	5.277	0.117	1.586	1.107	0.572	5.383
3	2015年	7.086	0.194	5.670	0	1.318	1.422	0.928	2.959

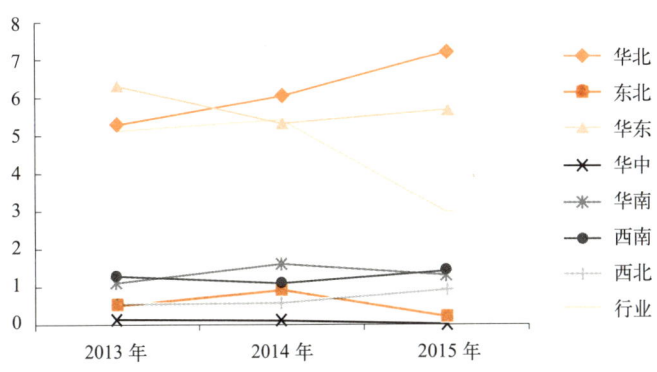

图4-13 不同区域工程造价咨询企业市场集中度

根据我国工程造价咨询行业 2013～2015 年不同区域前 100 名工程造价咨询企业关于造价咨询业务的市场集中度数据信息来看,基于不同区域经济社会发展情况及该行业市场发展规模的差异,相应工程造价咨询企业市场集中度的变化情况各不相同。2013～2015 年,华北和西北地区呈现逐年上升的趋势,2015 年的华北地区高达 7.086%;华东和西南地区在经历了 2014 年不同程度的下降后,2015 年开始呈现一定程度的上升趋势;华南和东北地区在经历了 2014 年一定程度的上升后,2015 年却出现下降的趋势,比如 2015 年的东北地区已低至 0.194%。另外,三年来,华中地区前 100 名工程造价咨询企业关于造价咨询业务的市场集中度已由 2013 的 0.124% 下降至 2015 年的无占有率,值得关注。

针对长期以来我国工程造价咨询行业企业规模较小,行业集中度偏低的问题,随着国家及地区诸多计价标准的出台,逐步规范行业收费标准,能够让优秀的咨询企业得到更丰厚的市场回报,提升企业的赢利能力,有利于优秀企业规模的扩大,占据更大的市场份额,提高行业集中度。让优质资源向优秀企业汇聚,提高资源配置效率,促进行业产业的转型和升级。

第五章

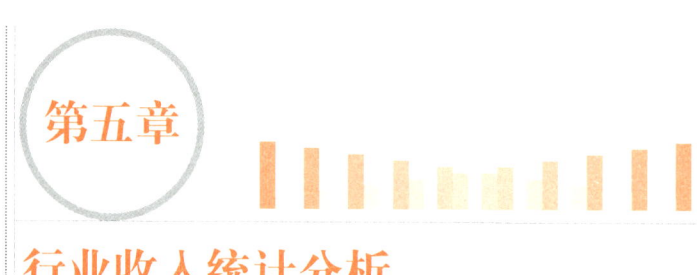

行业收入统计分析

第一节 营业收入统计分析

一、整体营业收入统计分析

（一）2015 年整体营业收入基本情况

根据表 5-1 中有关 2015 年的整体营业收入的相关数据信息绘制出 2015 年整体营业收入基本情况，如图 5-1 所示。

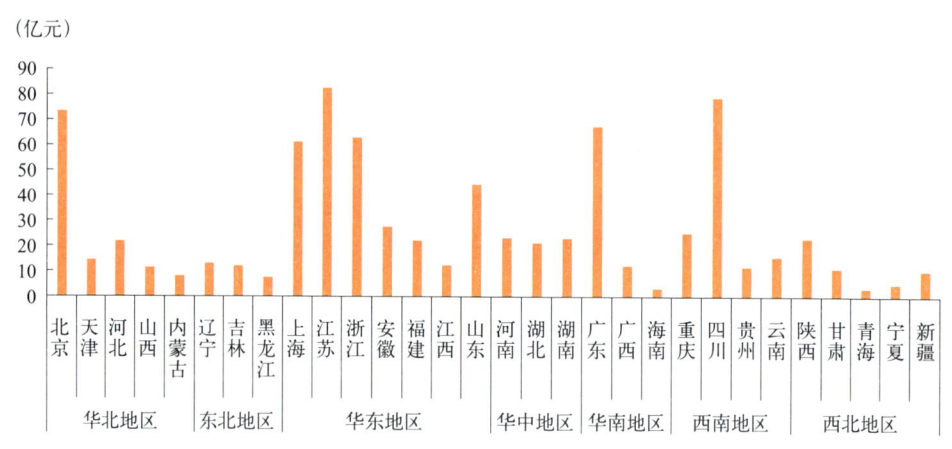

图5-1　2015年整体营业收入基本情况简图

1. 总体情况

2015 年工程造价咨询企业的整体营业收入为 1075.86 亿元，整体营业收入排名最高的前三名分别为江苏82.60亿元，四川78.99亿元，北京73.54亿元，整体营业收入排名最低的有宁夏5.18亿元，青海3.50亿元，海南3.25亿元。

2.区域情况

根据图5-1可直观看出工程造价咨询行业在各地区间发展不均衡，北京整体营业收入与华北地区其他省相比特别高，为73.54亿元；江苏整体营业收入与华东地区其他省相比特别高，为82.60亿元；广东整体营业收入与华南地区其他省相比特别高，为67.4亿元，四川整体营业收入与西南地区其他省相比特别高，为78.99亿元，这些省整体营业收入在相应区域尤其突出的原因大致有两方面：第一，2013～2015年，北京、江苏、广东、四川全社会固定资产投资较相应区域其他省偏高，且逐年增长，如表5-1和图5-2所示，为工程造价咨询行业发展提供更大的市场；第二，北京、江苏、广东、四川都颁布了工程造价咨询行业自律公约，制定并不断完善工程造价咨询行业自律公约实施细则，保证工程造价咨询行业的公正公平和良好口碑，利于工程造价咨询行业快速发展。

（二）2013～2015年整体营业收入区域变化情况

2013～2015年整体营业收入区域变化情况见表5-1。

2013～2015年整体营业收入区域汇总表（亿元）　　表5-1

区域	省份	2013年			2014年			2015年		
		工程造价咨询业务收入	其他业务收入	整体营业收入	工程造价咨询业务收入	其他业务收入	整体营业收入	工程造价咨询业务收入	其他业务收入	整体营业收入
合计		419.56	575.85	995.42	479.25	584.94	1064.19	512.74	563.12	1075.86
华北地区	北京	42.12	11.98	54.10	52.45	14.98	67.43	59.23	14.31	73.54
	天津	5.38	6.64	12.03	6.22	6.15	12.37	7.71	6.68	14.39
	河北	10.01	9.20	19.21	10.74	10.26	21.00	11.54	10.35	21.89
	山西	8.30	3.93	12.23	8.96	4.11	13.08	8.43	3	11.43
	内蒙古	5.13	0.98	6.11	6.14	1.48	7.63	6.3	1.93	8.23

续表

区域	省份	2013年			2014年			2015年		
		工程造价咨询业务收入	其他业务收入	整体营业收入	工程造价咨询业务收入	其他业务收入	整体营业收入	工程造价咨询业务收入	其他业务收入	整体营业收入
东北地区	辽宁	10.04	3.83	13.87	10.86	3.57	14.43	11.11	2.13	13.24
	吉林	4.62	4.07	8.68	7.02	4.31	11.33	5.35	6.86	12.21
	黑龙江	6.09	1.26	7.35	6.52	1.02	7.54	6.58	0.97	7.55
华东地区	上海	32.72	23.11	55.83	32.55	26.53	59.08	34.34	26.98	61.32
	江苏	36.66	29.06	65.72	44.29	32.97	77.26	48.51	34.09	82.60
	浙江	29.79	21.13	50.92	32.54	25.35	57.89	36.54	26.5	63.04
	安徽	9.98	13.26	23.24	11.67	14.22	25.89	13.15	14.54	27.69
	福建	6.87	11.53	18.41	7.54	13.33	20.87	8.27	13.97	22.24
	江西	3.62	2.23	5.85	4.46	8.06	12.53	5.34	7.19	12.53
	山东	22.41	20.25	42.66	23.62	20.94	44.56	23.56	21.02	44.58
华中地区	河南	8.77	6.84	15.61	9.84	8.72	18.56	11.5	11.84	23.34
	湖北	11.00	10.75	21.76	13.19	6.83	20.02	15.26	6.08	21.34
	湖南	10.87	11.09	21.96	12.91	7.12	20.03	13.2	9.91	23.11
华南地区	广东	25.17	26.46	51.64	27.68	30.63	58.31	33.62	33.78	67.40
	广西	4.17	5.22	9.39	6.67	6.60	13.27	5.25	7.11	12.36
	海南	2.36	0.81	3.17	2.71	0.52	3.23	2.55	0.7	3.25
西南地区	重庆	15.32	5.81	21.13	16.29	6.30	22.60	18.21	6.99	25.20
	四川	27.98	32.02	60.00	31.42	33.33	64.75	35.65	43.34	78.99
	贵州	3.93	7.14	11.08	4.31	8.08	12.39	5.23	6.62	11.85
	云南	8.99	1.93	10.92	10.67	2.78	13.45	13.47	2.31	15.78
西北地区	陕西	8.24	7.64	15.88	10.30	9.78	20.08	11.89	11.1	22.99
	甘肃	2.66	4.51	7.17	3.24	6.76	10.00	3.83	7.41	11.24
	青海	1.16	1.70	2.86	1.51	1.83	3.34	1.58	1.92	3.50
	宁夏	3.04	0.94	3.98	3.57	1.25	4.83	3.72	1.46	5.18
	新疆	5.81	3.27	9.07	6.87	3.60	10.47	7.01	3.41	10.42
行业归口		46.18	287.19	333.37	52.46	263.54	315.99	44.81	218.59	263.40

第五章 行业收入统计分析

根据表 5-1 可进行下述统计分析：分别计算 2013～2015 年我国华北、华中、华东、华南、东北、西北、西南地区各省工程造价咨询行业营业收入的平均值，以此衡量各年华北、华中、华东、华南、东北、西北、西南地区行业营业收入的平均水平；以平均值为基础计算华北、华中、华东、华南、东北、西北、西南地区各年行业营业收入的增长率，以此反映 2013～2015 年我国华北、华中、华东、华南、东北、西北、西南地区行业营业收入的纵向变化趋势；用各年华北、华中、华东、华南、东北、西北、西南地区各省行业营业收入的标准差除以平均值，得到行业营业收入的标准差系数，以此对比 2013～2015 年我国华北、华中、华东、华南、东北、西北、西南地区内部各省市行业营业收入的差异水平，具体统计结果如表 5-2 所示。为更直观地对比近年来我国华北、华中、华东、华南、东北、西北、西南地区工程造价咨询行业营业收入的平均水平、纵向变化及内部差异，将上述统计结果分别反映于图 5-2～图 5-4 中。

2012～2014 年我国各区域营业收入统计表　　　　表5-2

指标	年份 区域	2013 年	2014 年	2015 年
整体营业收入 平均值（亿元）	华北地区	20.74	24.30	25.90
	东北地区	9.97	11.10	11.00
	华东地区	37.52	42.58	44.86
	华中地区	19.78	19.54	22.60
	华南地区	21.40	24.94	27.67
	西南地区	25.78	28.30	32.96
	西北地区	7.79	9.74	10.67
整体营业收入 年增长率（%）	华北地区	—	17.20	6.58
	东北地区	—	11.36	−0.90
	华东地区	—	13.49	5.35
	华中地区	—	−1.22	15.66
	华南地区	—	16.54	10.95
	西南地区	—	9.76	16.47
	西北地区	—	25.02	9.55

续表

年份 指标	区域	2013年	2014年	2015年
营业收入标准差系数	华北地区	0.93	1.01	1.05
	东北地区	0.35	0.31	0.28
	华东地区	0.59	0.56	0.57
	华中地区	0.18	0.04	0.05
	华南地区	1.23	1.18	1.25
	西南地区	0.90	0.87	0.95
	西北地区	0.66	0.67	0.72

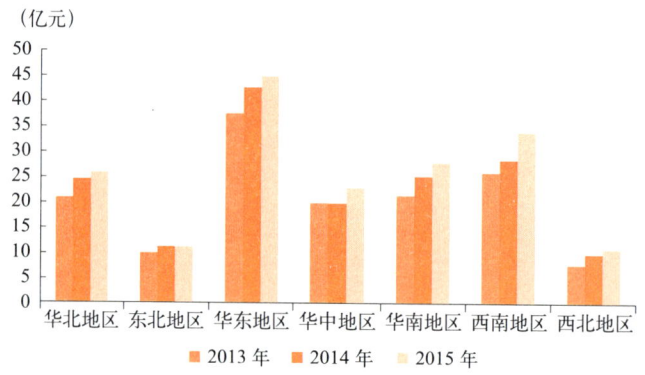

图5-2 各区域平均整体营业收入简图

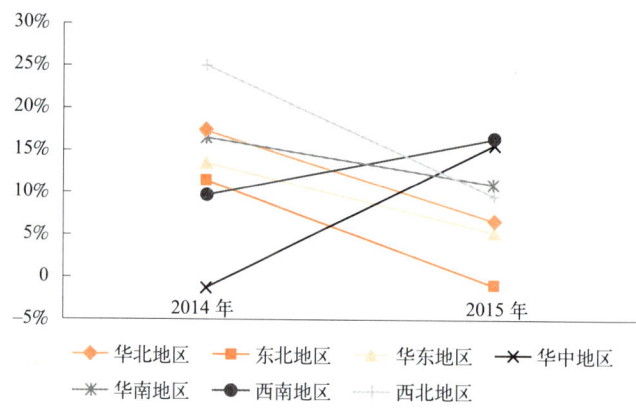

图5-3 各区域营业收入年增长率变化图（以2013年为基数）

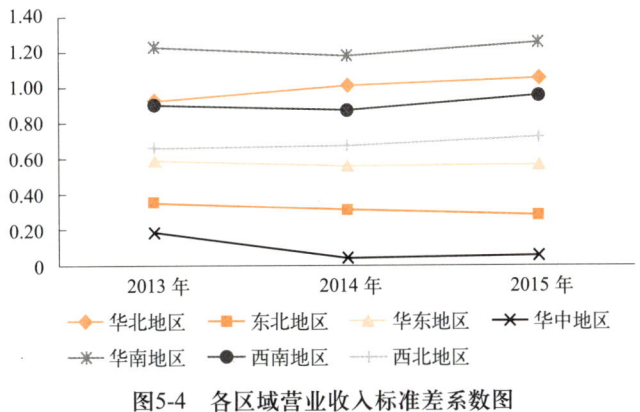

图5-4 各区域营业收入标准差系数图

通过上述统计结果及图示信息可知：

(1) 2013～2015年工程造价咨询行业在华东和西南地区发展较好，在东北和西北地区发展较差，这与建筑行业发展和社会经济发展有很大关系，华东和西南地区资源禀赋优越，社会经济发展繁荣，建设需求大，为工程造价咨询行业快速发展提供市场，东北和西北地区社会经济发展落后，建设行业发展不繁荣，工程造价咨询行业市场受到限制。

(2) 2013～2015年工程造价咨询行业整体营业收入在各地区大体呈增长态势，在华中和西南地区增速加快，但在华北、东北、华东、华南、西北地区增速大幅放缓，尤其是东北地区由2014年11.36%的增长率下降到2015年0.9%的下降率，西北地区由2014年的25.02%的增长率下降到9.47%的增长率。增速的大幅放缓现象可能与固定资产投资速度放缓有关，2015年全国固定资产投资（不含农户）完成额累计551590亿元，比上年名义增长10%（扣除价格因素，实际增长12%），增幅与2014年的15.7%相比收窄。其中2015年房地产开发投资95979亿元，累计增长率为1%，增幅与2014年的10.5%相比大幅度收窄，房屋新开工面积下降14%，降幅与2014年的10.7%相比有所扩大。

(3) 2013～2015年工程造价咨询行业整体营业收入在西南地区呈现稳步直线增长态势，由2014年9.76%的增长率上升为2015年16.47%的增长率，这说明我国正在加大对西南地区的投资与建设，新型城镇化建设、精准扶贫开发等政策的颁布为工程造价咨询行业在西南地区的增速发展提供市场。

(4) 2013～2015年华北和华南地区标准差系数较大,在1.0左右,华中地区标准差系数最小。这说明我国工程造价咨询行业营业收入在华北和华南地区分布不均匀,华北和华南区域中各个地区行业发展不均衡,然而这种不均衡并没有显著缩小的趋势。

(三) 2013～2015年平均指标变化情况

1. 平均每家企业营业收入变化分析

2013～2015年平均每家工程造价咨询企业整体营业收入的变化情况如表5-3和图5-5所示。

2013～2015年平均每家企业整体营业收入变化表　　　表5-3

区域	省份	平均每家营业收入（万元/家）					
		2013年	2014年	增长率（%）	2015年	增长率（%）	平均增长（%）
	合计	1465.14	1535.41	4.80	1513.80	-1.41	1.70
华北地区	北京	2057.05	2470.10	20.08	2580.35	4.46	12.27
	天津	2004.37	2811.95	40.29	2524.56	-10.22	15.04
	河北	556.86	591.54	6.23	647.63	9.48	7.85
	山西	529.50	554.04	4.63	514.86	-7.07	-1.22
	内蒙古	285.35	328.67	15.18	338.68	3.05	9.11
	区域平均	1086.62	1351.26	24.35	1321.22	-2.22	11.07
东北地区	辽宁	552.58	570.46	3.24	515.18	-9.69	-3.23
	吉林	761.80	891.84	17.07	884.78	-0.79	8.14
	黑龙江	448.18	451.57	0.76	436.42	-3.36	-1.30
	区域平均	587.52	637.96	8.59	612.12	-4.05	2.27
华东地区	上海	4166.45	3991.71	-4.19	4088.00	2.41	-0.89
	江苏	1192.80	1341.33	12.45	1390.57	3.67	8.06
	浙江	1339.88	1507.43	12.51	1641.67	8.90	10.71
	安徽	737.71	794.21	7.66	814.41	2.54	5.10

续表

区域	省份	平均每家营业收入（万元/家）					
		2013年	2014年	增长率（%）	2015年	增长率（%）	平均增长（%）
华东地区	福建	1508.63	1656.39	9.79	1672.18	0.95	5.37
	江西	409.36	894.71	118.56	846.62	−5.37	56.59
	山东	664.56	765.64	15.21	775.30	1.26	8.24
	区域平均	1431.34	1564.49	9.30	1604.11	2.53	5.92
华中地区	河南	508.43	606.63	19.31	788.51	29.98	24.65
	湖北	665.35	614.00	−7.72	648.63	5.64	−1.04
	湖南	835.15	750.05	−10.19	859.11	14.54	2.17
	区域平均	669.64	656.90	−1.90	765.42	16.52	7.31
华南地区	广东	1546.01	1690.26	9.33	1867.04	10.46	9.89
	广西	853.34	1228.42	43.95	1113.51	−9.35	17.30
	海南	1056.77	1076.50	1.87	812.50	−24.52	−11.33
	区域平均	1152.04	1331.73	15.60	1264.35	−5.06	5.27
西南地区	重庆	1154.55	1113.08	−3.59	1150.68	3.38	−0.11
	四川	1666.55	1699.45	1.97	1969.83	15.91	8.94
	贵州	1350.66	1346.40	−0.32	1274.19	−5.36	−2.84
	云南	821.23	1003.99	22.25	968.10	−3.57	9.34
	区域平均	1248.25	1290.73	3.40	1340.70	3.87	3.64
西北地区	陕西	1044.81	1254.97	20.11	1368.45	9.04	14.58
	甘肃	607.98	768.86	26.46	838.81	9.10	17.78
	青海	773.27	796.21	2.97	777.78	−2.32	0.33
	宁夏	925.33	1026.77	10.96	996.15	−2.98	3.99
	新疆	657.57	684.56	4.10	667.95	−2.43	0.84
	区域平均	801.79	906.27	13.03	929.83	2.60	7.82
行业归口		13551.70	13277.08	−2.03	11304.72	−14.86	−8.44

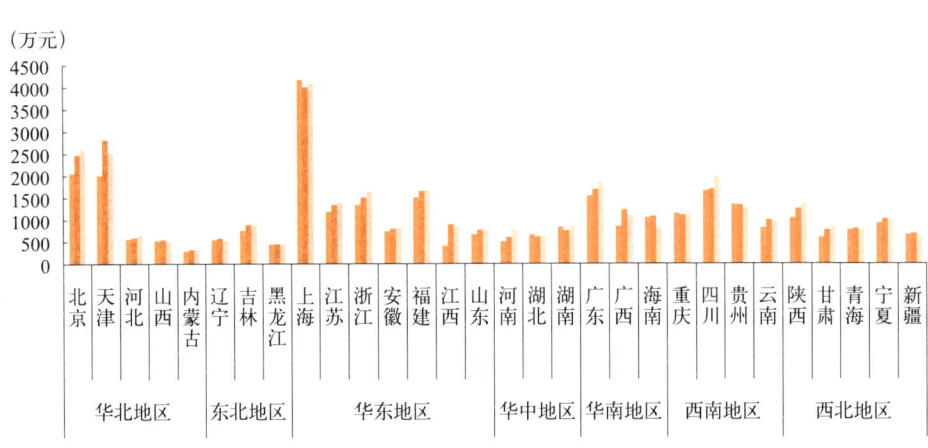

图5-5 2013～2015年各区域企业平均营业收入图示

(1) 总体变化情况

2013～2015年平均每家企业整体营业收入大体呈增长态势,增长幅度不大,平均增长率为1.70%,其中2014年增长率为4.8%,但2015年增长率却为-1.41%。

(2) 区域变化情况

从图5-5可直观看出,2013～2015年平均每家企业整体营业收入在华东和西南地区较高,华北地区,天津和北京平均每家企业整体营业收入尤高,其中天津变化幅度最大,2014年实现40.29%的增长,但2015年下降10.22%;东北地区各省份平均每家企业整体营业收入大体呈下降态势;华东地区大体呈增长态势,其中上海平均每家企业整体营业收入尤高,江西变化幅度最大,由2014年高达118.56%的增长率下降到5.37%的下降率;华中地区大体呈增长态势,且增速加快;西南地区云南企业均收入最低,虽然2014年增长22.25%,但2015年又下降5.36%。

2. 人均业务收入变化分析

2013～2015年平均每位工程造价咨询服务从业人员的整体营业收入变化情况如表5-4及图5-6所示。

2013～2015年各区域从业人员整体营业收入变化情况　　　　　　　　　　表5-4

区域	省份	人均营业收入（万元/人）					
		2013年	2014年	增长率（%）	2015年	增长率（%）	平均增长（%）
	合计	29.75	25.79	-13.31	25.96	0.66	-6.33
华北地区	北京	32.97	30.94	-6.14	39.53	27.76	10.81
	天津	25.31	33.96	34.20	34.56	1.75	17.98
	河北	17.58	16.82	-4.32	17.29	2.78	-0.77
	山西	18.63	18.22	-2.20	16.72	-8.25	-5.23
	内蒙古	12.88	13.85	7.54	14.64	5.65	6.59
	区域平均	21.47	22.76	5.99	24.55	7.85	6.92
东北地区	辽宁	23.19	22.28	-3.89	19.58	-12.13	-8.01
	吉林	19.02	22.93	20.57	23.35	1.82	11.20
	黑龙江	19.97	16.48	-17.51	17.58	6.71	-5.40
	区域平均	20.73	20.56	-0.78	20.17	-1.91	-1.35
华东地区	上海	37.18	34.31	-7.72	33.28	-3.00	-5.36
	江苏	29.71	25.13	-15.44	33.30	32.53	8.54
	浙江	23.36	23.25	-0.48	24.51	5.42	2.47
	安徽	16.87	17.07	1.20	18.14	6.24	3.72
	福建	19.10	17.46	-8.61	18.85	8.01	-0.30
	江西	17.06	32.28	89.22	31.19	-3.38	42.92
	山东	16.80	18.79	11.88	18.34	-2.41	4.73
	区域平均	22.87	24.04	5.13	25.37	5.54	5.33
华中地区	河南	14.29	15.17	6.15	18.00	18.66	12.41
	湖北	22.08	21.20	-3.97	21.45	1.18	-1.40
	湖南	27.70	21.06	-24.00	22.71	7.86	-8.07
	区域平均	21.36	19.14	-10.37	20.72	8.25	-1.06
华南地区	广东	29.47	23.16	-21.43	23.75	2.57	-9.43
	广西	14.86	20.30	36.60	18.19	-10.41	13.09
	海南	25.04	26.23	4.76	22.44	-14.45	-4.84
	区域平均	23.13	23.23	0.46	21.46	-7.62	-3.58

续表

区域	省份	人均营业收入（万元/人）					
		2013年	2014年	增长率（%）	2015年	增长率（%）	平均增长（%）
西南地区	重庆	22.31	21.64	-3.02	28.19	30.28	13.63
	四川	26.55	20.12	-24.22	23.77	18.16	-3.03
	贵州	22.40	23.54	5.10	17.81	-24.36	-9.63
	云南	25.16	26.42	5.01	22.05	-16.54	-5.77
	区域平均	24.10	22.93	-4.88	22.95	0.10	-2.39
西北地区	陕西	16.51	19.54	18.32	19.97	2.22	10.27
	甘肃	13.59	13.23	-2.64	12.65	-4.37	-3.51
	青海	31.83	32.79	3.02	29.09	-11.26	-4.12
	宁夏	21.48	20.68	-3.76	20.84	0.78	-1.49
	新疆	21.97	22.29	1.44	21.48	-3.65	-1.10
	区域平均	21.08	21.70	2.97	20.81	-4.14	-0.58
行业归口		68.41	41.90	-38.75	36.96	-11.79	-25.27

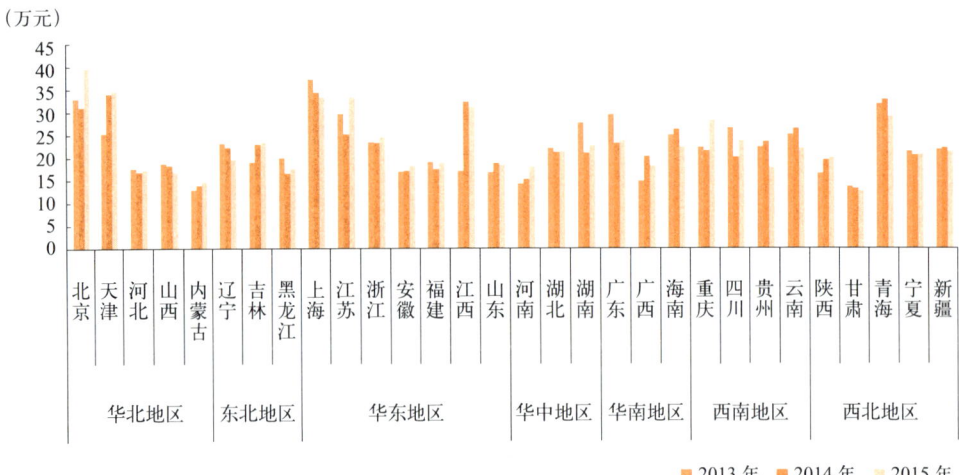

图5-6　2013～2015年各区域从业人员平均营业收入简图

(1) 总体变化情况

2013～2015年从业人员平均营业收入大体呈下降态势，2014年人均收入下降13.31%，但2015年增长0.66%。

(2) 区域变化情况

从图5-6可直观看出，2013～2015年从业人员平均营业收入在区域间相差不大，大体都在20万左右，其中华东地区最高。华北地区，北京变化幅度最大，2014年下降6.14%，2015年增长27.76%；东北地区只有吉林呈稳定增长态势，但增速大幅放缓；华东地区，江苏变化幅度最大，2014年下降15.44%，2015年增长32.53%；华中地区只有河南呈稳定增长态势，且增速加快；西南地区，重庆、四川、贵州、云南四省变化幅度都很大；甘肃从业人员平均营业收入在西北地区最低，呈下降趋势，且下降幅度增大。

二、按业务类别分类的营业收入统计分析

工程造价咨询行业营业收入按业务类别划分，分为工程造价咨询业务收入和其他业务收入。其中，工程造价咨询业务收入按专业划分，分为房屋建筑工程、市政工程、公路工程、铁路工程、城市轨道交通工程、航空工程、航天工程、火电工程、水电工程、核工业工程、新能源工程、水利工程、水运工程、矿山工程、冶金工程、石油天然气工程、石化工程、化工医药工程、农业工程、林业工程、电子通信工程、广播影视电视工程及其他。按工程建设阶段划分，分为前期决策阶段咨询、实施阶段咨询、竣工决算阶段咨询、全过程工程造价咨询、工程造价经济纠纷的鉴定和仲裁咨询及其他。其他业务收入包括招标代理业务、建设工程监理业务、项目管理业务、工程咨询业务。

(一) 2015年营业收入按业务类别分类的基本情况

2015年工程造价咨询行业整体营业收入按业务类别分类的基本情况如表5-5和图5-7所示。

2015年营业收入按业务类别划分汇总表（亿元） 表5-5

区域	省份	工程造价咨询业务收入		其他业务收入					
		合计	占比（%）	合计	占比（%）	招标代理业务	建设工程监理业务	项目管理业务	工程咨询业务
	合计	512.74	47.66	563.12	52.34	113	225.17	158.97	65.97
华北地区	北京	59.23	80.54	14.31	19.46	6.89	3.16	2.79	1.48
	天津	7.71	53.58	6.68	46.42	4.2	0.61	1.09	0.78
	河北	11.54	52.72	10.35	47.28	4.02	5.38	0.09	0.86
	山西	8.43	73.75	3	26.25	1.6	1.22	0.06	0.11
	内蒙古	6.3	76.55	1.93	23.45	0.99	0.89	0.01	0.04
东北地区	辽宁	11.11	83.91	2.13	16.09	1.89	0.15	0.01	0.09
	吉林	5.35	43.82	6.86	56.18	3.93	2.22	0.21	0.49
	黑龙江	6.58	87.15	0.97	12.85	0.69	0.22	0	0.06
华东地区	上海	34.34	56.00	26.98	44.00	6.69	15.15	2.92	2.23
	江苏	48.51	58.73	34.09	41.27	9.32	21.77	1.42	1.59
	浙江	36.54	57.96	26.5	42.04	8.71	14.92	1.22	1.66
	安徽	13.15	47.49	14.54	52.51	4.05	9.94	0.18	0.38
	福建	8.27	37.19	13.97	62.81	2.46	11.04	0.06	0.41
	江西	5.34	42.62	7.19	57.38	1.19	2.22	0.72	3.06
	山东	23.56	52.85	21.02	47.15	7.12	12.55	0.66	0.69
华中地区	河南	11.5	49.27	11.84	50.73	3.78	7.32	0.08	0.65
	湖北	15.26	71.51	6.08	28.49	3.11	2.24	0.43	0.29
	湖南	13.2	57.12	9.91	42.88	3.69	4.72	1.05	0.45
华南地区	广东	33.62	49.88	33.78	50.12	8.66	18.86	1.53	4.73
	广西	5.25	42.48	7.11	57.52	2.28	4.42	0	0.41
	海南	2.55	78.46	0.7	21.54	0.08	0.4	0	0.23
西南地区	重庆	18.21	72.26	6.99	27.74	1.77	4.13	0.48	0.61
	四川	35.65	45.13	43.34	54.87	4.56	18.36	18.88	1.54
	贵州	5.23	44.14	6.62	55.86	1.72	4.36	0.18	0.36
	云南	13.47	85.36	2.31	14.64	0.93	0.66	0.58	0.14

续表

区域	省份	工程造价咨询业务收入		其他业务收入					
		合计	占比(%)	合计	占比(%)	招标代理业务	建设工程监理业务	项目管理业务	工程咨询业务
西北地区	陕西	11.89	51.72	11.1	48.28	5.92	4.79	0.08	0.31
	甘肃	3.83	34.07	7.41	65.93	1.42	5.73	0.02	0.24
	青海	1.58	45.14	1.92	54.86	0.5	1.19	0.01	0.22
	宁夏	3.72	71.81	1.46	28.19	0.83	0.57	0.05	0.01
	新疆	7.01	67.27	3.41	32.73	1.7	1.52	0.02	0.18
行业归口		44.81	17.01	218.59	82.99	8.29	44.48	124.14	41.68

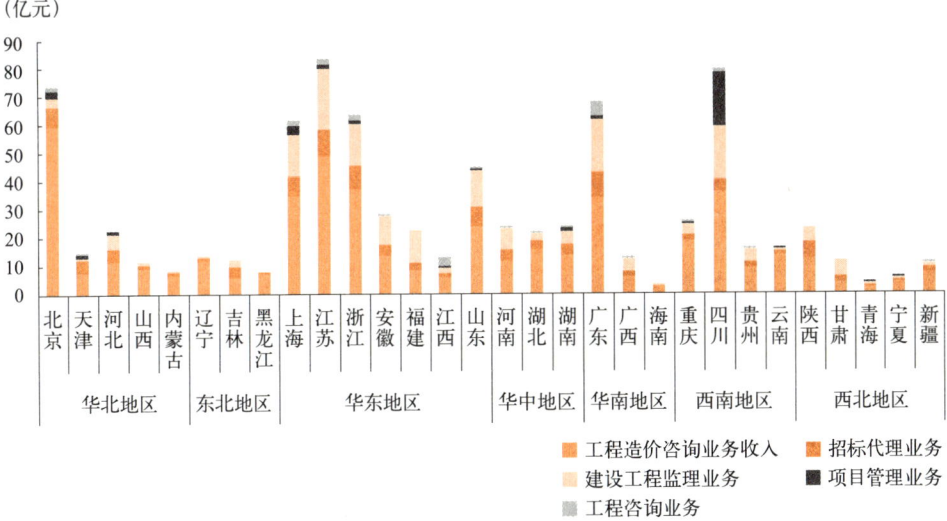

图5-7 2015年各地区营业收入按业务类别分类分配图

1. 总体变化情况

2015年工程造价咨询企业的营业收入为1075.86亿元，其中工程造价咨询业务收入512.74亿元，占比47.66%，其他业务收入563.12亿元，占比52.34%。其他业务收入中，招标代理业务收入113亿元，占整体营业收入比例为10.50%；建设工程监理业务225.17亿元，占比20.93%；项目管理业务收入158.97亿元，占比14.78%；工程咨询业务收入65.97亿元，占比6.13%。

2.区域变化情况

2015年工程造价咨询业务收入占比与其他业务收入占比差距最大的是东北地区的黑龙江,其工程造价咨询业务收入占比87.15%,而其他业务收入占比为12.85%。华北地区各省工程造价咨询业务收入占比都高于其他业务收入占比,其中北京占比差距最大,工程造价咨询业务收入占比高达80.54%,其他业务收入占比为19.46%。2015年工程造价咨询业务收入占比低于其他业务收入占比的省份有吉林、安徽、福建、江西、河南、广东、广西、四川、甘肃、青海,其中两种业务收入占比在甘肃差距最大,其工程造价咨询业务收入占比34.07%,而其他业务收入占比为65.93%。

(二) 2013～2015年营业收入按业务类别分类的变化情况

1.总体变化情况分析

2013～2015年工程造价咨询行业营业收入按业务类别分类的总体变化情况如表5-6和图5-8所示。

2013～2015年按业务类别分类的营业收入总体变化表（亿元） 表5-6

内容		2013年		2014年			2015年		
		收入	占比(%)	收入	占比(%)	增长率(%)	收入	占比(%)	增长率(%)
工程造价咨询业务收入		419.56	42.15	479.25	45.03	14.23	512.74	47.66	6.99
其他业务收入	合计	575.85	57.85	584.94	54.97	1.58	563.12	52.34	-3.73
	招标代理业务收入	101.40	10.19	101.41	9.53	0.01	113.00	10.47	11.42
	建设工程监理业务	189.52	19.04	217.42	20.43	14.72	225.17	20.86	3.56
	项目管理业务收入	178.92	17.97	193.68	18.20	8.25	158.97	14.73	-17.92
	工程咨询业务收入	106.01	10.65	72.43	6.81	-31.68	65.97	6.11	-8.91

从所占百分比角度分析,2013～2015年间,工程造价咨询业务收入占整体营业收入的比例不到50%,其他业务收入所占比例多年来始终高于工程造价咨询业务收入,但二者占比差距在逐年缩小。从变化趋势角度分析,2013～2015

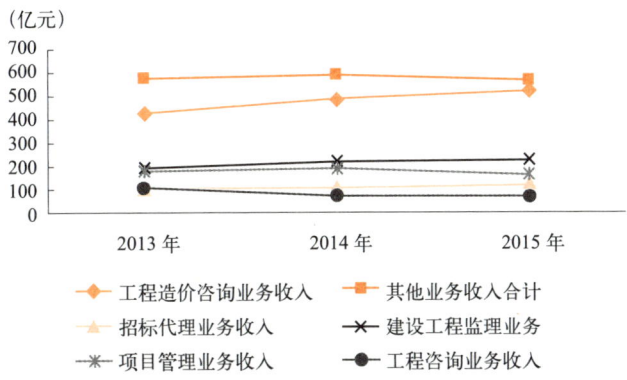

图5-8 2013~2015年按业务类别分类的营业收入变化图

年间，工程造价咨询业务收入稳步增长但增速放缓，而其他业务收入2014年增长1.58%，2015年下降3.73%，其中只有招标代理业务一直处于稳步增长态势，且增长加速，建设工程监理业务也处于稳步增长态势但增长放缓，项目管理业务收入2014年增长8.25%，但2015年下降17.92%，工程咨询业务收入一直处于下降态势。

2. 区域变化情况分析

2013～2015年各地区工程造价咨询企业按业务类别分类的营业收入变化情况如表5-7和图5-9、图5-10所示。

2013~2015年各地区按业务类别分类的营业收入变化情况汇总表（亿元） 表5-7

区域	省份	工程造价咨询业务收入						其他业务收入						
		2013年	2014年		2015年		平均增长(%)	2013年	2014年		2015年		平均增长(%)
		收入	收入	增长率(%)	收入	增长率(%)		收入	收入	增长率(%)	收入	增长率(%)	
	合计	419.56	479.25	14.23	512.74	6.99	10.61	575.85	584.94	1.58	563.11	-3.73	-1.08
华北地区	北京	42.12	52.45	24.54	59.23	12.92	18.73	11.98	14.98	25.01	14.31	-4.48	10.27
	天津	5.38	6.22	15.61	7.71	23.89	19.75	6.64	6.15	-7.43	6.68	8.63	0.60
	河北	10.01	10.74	7.27	11.54	7.45	7.36	9.20	10.26	11.52	10.35	0.88	6.20
	山西	8.30	8.96	7.94	8.43	-5.95	1.00	3.93	4.11	4.70	3.00	-27.05	-11.18
	内蒙古	5.13	6.14	19.74	6.30	2.57	11.15	0.98	1.48	51.83	1.93	30.16	41.00

续表

区域	省份	工程造价咨询业务收入						其他业务收入					
		2013年	2014年		2015年		平均增长(%)	2013年	2014年		2015年		平均增长(%)
		收入	收入	增长率(%)	收入	增长率(%)		收入	收入	增长率(%)	收入	增长率(%)	
东北地区	辽宁	10.04	10.86	8.17	11.11	2.26	5.21	3.83	3.57	−6.73	2.13	−40.31	−23.52
	吉林	4.62	7.02	52.06	5.35	−23.77	14.15	4.07	4.31	5.87	6.86	59.24	32.55
	黑龙江	6.09	6.52	6.98	6.58	0.92	3.95	1.26	1.02	−18.66	0.97	−5.05	−11.85
华东地区	上海	32.72	32.55	−0.53	34.34	5.51	2.49	23.11	26.53	14.79	26.98	1.69	8.24
	江苏	36.66	44.29	20.82	48.51	9.53	15.17	29.06	32.97	13.44	34.09	3.39	8.42
	浙江	29.79	32.54	9.24	36.54	12.29	10.77	21.13	25.35	19.96	26.50	4.55	12.26
	安徽	9.98	11.67	17.02	13.15	12.65	14.84	13.26	14.22	7.20	14.54	2.26	4.73
	福建	6.87	7.54	9.73	8.27	9.63	9.68	11.53	13.33	15.58	13.97	4.83	10.20
	江西	3.62	4.46	23.21	5.34	19.69	21.45	2.23	8.06	261.21	7.19	−10.84	125.18
	山东	22.41	23.62	5.38	23.56	−0.25	2.56	20.25	20.94	3.41	21.02	0.37	1.89
华中地区	河南	8.77	9.84	12.23	11.50	16.87	14.55	6.84	8.72	27.50	11.84	35.74	31.62
	湖北	11.00	13.19	19.85	15.26	15.71	17.78	10.75	6.83	−36.50	6.08	−10.95	−23.73
	湖南	10.87	12.91	18.77	13.20	2.24	10.50	11.09	7.12	−35.86	9.91	39.27	1.71
华南地区	广东	25.17	27.68	9.97	33.62	21.44	15.71	26.46	30.63	15.74	33.78	10.28	13.01
	广西	4.17	6.67	60.02	5.25	−21.31	19.35	5.22	6.60	26.41	7.11	7.80	17.11
	海南	2.36	2.71	14.83	2.55	−5.95	4.44	0.81	0.52	−35.96	0.70	35.06	−0.45
西南地区	重庆	15.32	16.29	6.39	18.21	11.75	9.07	5.81	6.30	8.41	6.99	10.94	9.68
	四川	27.98	31.42	12.30	35.65	13.47	12.88	32.02	33.33	4.10	43.34	30.03	17.06
	贵州	3.93	4.31	9.51	5.23	21.47	15.49	7.14	8.08	13.13	6.62	−18.08	−2.48
	云南	8.99	10.67	18.67	13.47	26.24	22.46	1.93	2.78	44.13	2.31	−17.01	13.56
西北地区	陕西	8.24	10.30	25.06	11.89	15.40	20.23	7.64	9.78	27.92	11.10	13.54	20.73
	甘肃	2.66	3.24	21.67	3.83	18.30	19.99	4.51	6.76	49.73	7.41	9.65	29.69
	青海	1.16	1.51	30.38	1.58	4.65	17.51	1.70	1.83	7.70	1.92	4.67	6.19
	宁夏	3.04	3.57	17.53	3.72	4.06	10.80	0.94	1.25	33.46	1.46	16.70	25.08
	新疆	5.81	6.87	18.39	7.01	2.00	10.19	3.27	3.60	10.15	3.41	−5.30	2.42
行业归口		46.18	52.46	13.59	44.81	−14.58	−0.50	287.19	263.54	−8.24	218.59	−17.05	−12.65

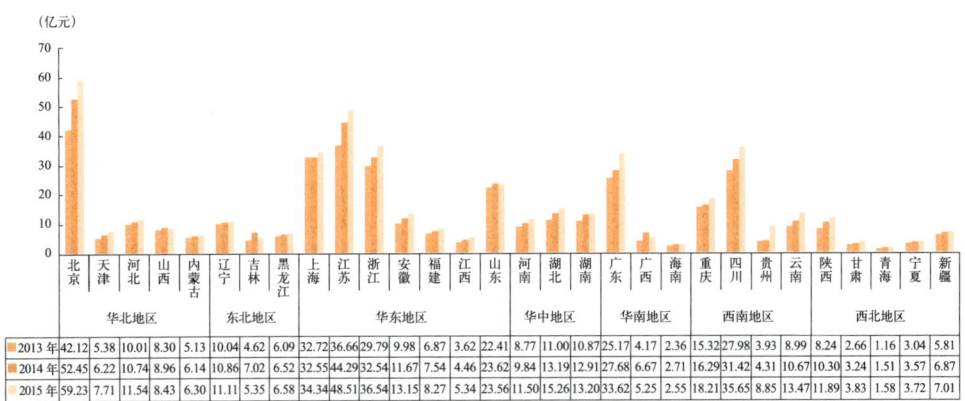

图5-9 2013～2015年工程造价咨询业务收入区域变化图

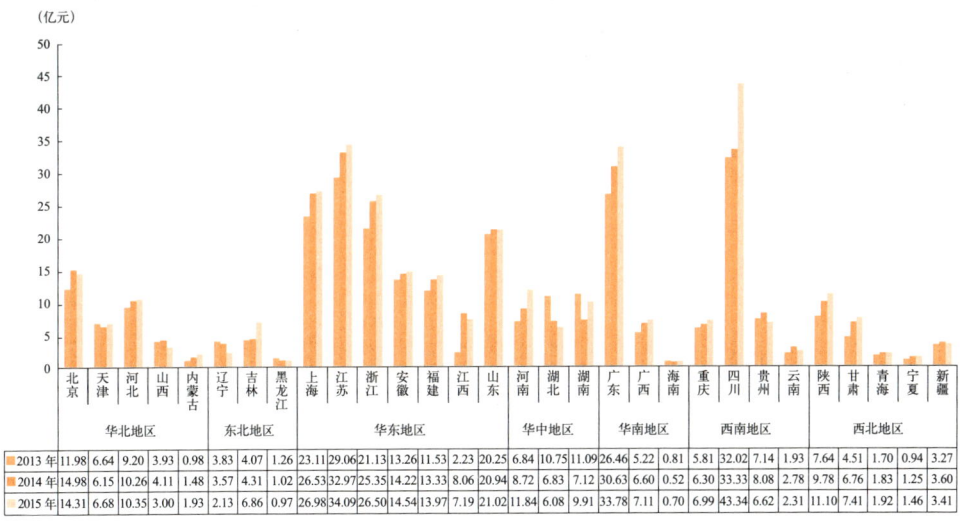

图5-10 2013～2015年其他业务收入区域变化图

对于工程造价咨询业务收入，平均增长最快的地区是云南、江西、陕西，平均增长率分别为22.46%、21.45%、20.23%，平均增长最慢的地区是山东、上海、山西，平均增长率分别为2.56%、2.49%、1.00%。

对于其他业务收入，平均增长最快的地区是江西、吉林和内蒙古，平均增长率分别为125.18%、41.00%、32.55%，平均下降最快的地区是湖北、辽宁、黑龙江，平均下降率为23.73%、23.52%、11.85%。

第二节 工程造价咨询业务收入统计分析

一、按专业分类的工程造价咨询业务收入统计分析

（一）2015年按专业分类的基本情况

2015年工程造价咨询业务收入按专业分类的基本情况如表5-8所示。

2015年按专业分类的工程造价咨询业务收入汇总表（万元） 表5-8

区域	省份	工程造价咨询业务收入合计	房屋建筑工程	市政工程	公路工程	铁路工程	城市轨道交通工程	航空工程	航天工程	火电工程	水电工程	核工业工程	新能源工程
			专业1	专业2	专业3	专业4	专业5	专业6	专业7	专业8	专业9	专业10	专业11
合计		5127400	3012266	750259	223993	67992	87577	18561	2699	132297	87163	4324	30611
华北地区	北京	592270	345831	69198	13480	7327	23891	4534	1293	16885	5880	963	7779
	天津	77082	43042	12316	2501	896	3118	143	300	1210	1	0	1018
	河北	115350	74789	18472	6375	770	418	30	36	928	582	338	522
	山西	84325	49127	8791	2445	493	8	193	17	1283	305	0	909
	内蒙古	63022	40286	9466	4229	421	42	351	5	675	594	50	510
东北地区	辽宁	111096	78665	14374	2460	334	1524	283	32	1467	1457	13	284
	吉林	53506	34960	9040	1112	22	74	0	0	563	1215	0	4
	黑龙江	65778	44216	7066	2400	185	325	25	5	406	2708	89	3
华东地区	上海	343405	240512	44707	7254	3365	8155	1693	196	1354	4167	0	629
	江苏	485131	318220	68985	16877	4312	6233	244	0	13779	8273	48	3047
	浙江	365426	247179	63115	18239	800	3652	229	0	3762	4733	21	198
	安徽	131458	86380	23159	6285	645	1161	0	0	563	2203	0	129
	福建	82691	54716	15571	5272	78	93	34	0	11	1101	0	0
	江西	53391	33923	9214	2064	424	396	74	0	1144	2901	0	54
	山东	235606	157778	39102	6526	575	2150	26	30	2545	2085	0	422

第五章 行业收入统计分析

续表

区域	省份	工程造价咨询业务收入合计	房屋建筑工程	市政工程	公路工程	铁路工程	城市轨道交通工程	航空工程	航天工程	火电工程	水电工程	核工业工程	新能源工程
			专业1	专业2	专业3	专业4	专业5	专业6	专业7	专业8	专业9	专业10	专业11
华中地区	河南	115011	77670	19968	4911	143	208	44	0	1326	990	179	162
	湖北	152577	97282	28328	6257	760	1602	210	0	2225	1013	0	562
	湖南	132041	69303	29350	11023	605	3875	729	0	909	1544	82	313
华南地区	广东	336196	205411	50992	19116	306	5521	488	92	9283	11013	596	706
	广西	52524	32951	7005	3612	472	19	0	0	680	1551	0	78
	海南	25457	17128	3978	2127	0	10	0	50	12	164	0	2
西南地区	重庆	182104	92458	44738	13902	995	5374	330	0	1050	2630	9	374
	四川	356530	206542	69587	21262	2002	5041	3042	82	2163	7622	911	721
	贵州	52274	27647	11935	4171	61	52	12	0	2823	461	0	450
	云南	134720	65462	15965	18460	980	1137	1291	16	516	3629	0	1232
西北地区	陕西	118882	77539	13773	8024	297	774	102	280	1668	452	12	727
	甘肃	38335	29579	4933	1146	42	73	3	0	118	228	82	33
	青海	15837	11521	2226	276	74	0	0	0	515	146	0	33
	宁夏	37230	23030	5091	1937	54	39	216	0	398	211	0	784
	新疆	70097	44585	8658	3171	103	19	127	0	2090	828	44	535
行业归口		448051	84532	21157	7077	40452	12598	4107	264	59944	16474	888	8392

区域	省份	水利工程	水运工程	矿山工程	冶金工程	石油天然气工程	石化工程	化工医药工程	农业工程	林业工程	电子通信工程	广播影视电视工程	其他
		专业12	专业13	专业14	专业15	专业16	专业17	专业18	专业19	专业20	专业21	专业22	专业23
合计		112983	25443	61044	46357	52370	44057	42045	26404	9340	72471	7641	209502
华北地区	北京	7255	1191	5553	3779	7284	7035	5823	1839	2113	11154	1022	41160
	天津	1150	2805	0	0	1731	961	2179	122	101	638	45	2805
	河北	2315	639	263	561	474	936	1057	560	362	1216	56	3650
	山西	757	0	10153	135	1125	72	2464	507	285	1097	48	4110
	内蒙古	643	2	348	100	391	336	706	245	644	1149	55	1773

续表

区域	省份	水利工程 专业12	水运工程 专业13	矿山工程 专业14	冶金工程 专业15	石油天然气工程 专业16	石化工程 专业17	化工医药工程 专业18	农业工程 专业19	林业工程 专业20	电子通信工程 专业21	广播影视电视工程 专业22	其他 专业23
东北地区	辽宁	1627	919	93	110	917	794	348	394	251	1711	146	2893
	吉林	531	31	124	27	100	17	5	433	0	4338	24	888
	黑龙江	1012	0	91	179	695	267	246	1128	14	672	0	4044
华东地区	上海	5259	1536	98	1640	958	2137	2224	1167	402	2924	1331	11696
	江苏	7725	1331	421	209	975	1416	2403	1914	60	4133	604	23924
	浙江	11033	1265	163	37	1082	695	1533	472	721	3029	279	3190
	安徽	3059	105	685	1246	216	300	492	827	329	730	78	2864
	福建	2736	248	47	301	2	130	39	392	26	1132	0	763
	江西	590	14	229	420	116	46	6	86	8	615	12	1054
	山东	4832	644	953	736	2260	2551	2213	1266	578	1960	368	6005
华中地区	河南	2217	12	155	127	257	1131	434	1079	179	1286	3	2529
	湖北	2187	639	76	1088	622	1529	129	2259	186	389	31	5203
	湖南	3164	1149	222	57	34	876	390	971	182	3119	522	3620
华南地区	广东	5524	872	108	0	396	1184	611	527	438	6361	171	16479
	广西	2389	86	138	220	285	31	0	339	12	248	8	2399
	海南	636	520	1	0	77	0	1	141	73	36	3	497
西南地区	重庆	7002	307	327	372	1064	257	618	1708	745	1636	180	6027
	四川	9130	107	298	69	2918	1341	1474	3447	845	8538	330	9057
	贵州	1459	3	339	70	358	0	344	298	44	396	1	1351
	云南	8656	289	1092	2314	728	1093	2424	1976	52	475	8	6924
西北地区	陕西	1818	0	1209	375	3019	1257	734	167	85	3223	0	3349
	甘肃	524	0	18	22	238	123	120	92	64	255	0	633
	青海	178	25	82	49	0	0	3	5	13	13	7	672
	宁夏	1011	0	403	220	180	264	221	343	353	902	0	1574
	新疆	2200	42	633	71	391	666	200	346	133	1619	118	3521
行业归口		14367	10664	36720	31821	23478	16612	12603	1356	42	7477	2181	34845

1. 总体情况

2015年工程造价咨询业务收入按所涉及专业划分,其中房屋建筑工程专业收入最高为301.23亿元,占全部工程造价咨询业务收入比例为58.75%;市政工程专业收入75.03亿元,占14.63%;公路工程专业收入22.40亿元,占4.37%;火电工程专业收入13.23亿元,占2.58%;水利工程专业收入11.30亿元,占2.20%;其他各专业收入合计89.56亿元,占17.47%。

2. 区域情况

2015年北京房屋建筑工程专业收入和火电工程专业收入都最高,分别为345831万元、16885万元,四川市政工程专业收入和公路工程专业收入都最高,分别为69587万元、21262万元,浙江水利工程专业收入最高为11033万元。

(二) 2013～2015年按专业分类的变化情况

1. 总体变化情况

2013～2015年按专业分类的工程造价咨询业务收入情况见表5-9,2013～2015年间平均占比最大的前4个专业的工程造价咨询业务收入情况如图5-11所示。

2013～2015年按专业分类的工程造价咨询业务收入情况汇总表(万元)　　表5-9

专业分类	2013年		2014年			2015年			平均增长(%)	平均占比(%)
	收入	占比(%)	收入	占比(%)	增长率(%)	收入	占比(%)	增长率(%)		
房屋建筑工程	2497543	59.53	2855063	59.57	14.31	3012266	58.75	5.51	9.91	59.28
市政工程	576196	13.73	680257	14.19	18.06	750259	14.63	10.29	14.18	14.19
公路工程	181695	4.33	202666	4.23	11.54	223993	4.37	10.52	11.03	4.31
铁路工程	43884	1.05	59863	1.25	36.41	67992	1.33	13.58	25.00	1.21
城市轨道交通	57633	1.37	73035	1.52	26.72	87577	1.71	19.91	23.32	1.54
航空工程	10563	0.25	13129	0.27	24.29	18561	0.36	41.37	32.83	0.30
航天工程	2866	0.07	2212	0.05	−22.82	2699	0.05	22.02	−0.40	0.06
火电工程	123950	2.95	116698	2.44	−5.85	132297	2.58	13.37	3.76	2.66

续表

专业分类	2013年 收入	占比(%)	2014年 收入	占比(%)	增长率(%)	2015年 收入	占比(%)	增长率(%)	平均增长(%)	平均占比(%)
水电工程	74597	1.78	79133	1.65	6.08	87163	1.70	10.15	8.11	1.71
核工业工程	18811	0.45	2659	0.06	−85.86	4324	0.08	62.62	−11.62	0.20
新能源工程	20115	0.48	30699	0.64	52.62	30611	0.60	−0.29	26.17	0.57
水利工程	82487	1.97	96958	2.02	17.54	112983	2.20	16.53	17.04	2.06
水运工程	27748	0.66	27875	0.58	0.46	25443	0.50	−8.72	−4.13	0.58
矿山工程	69657	1.66	94518	1.97	35.69	61044	1.19	−35.42	0.14	1.61
冶金工程	53596	1.28	63156	1.32	17.84	46357	0.90	−26.60	−4.38	1.17
石油天然气	39969	0.95	55847	1.17	39.73	52370	1.02	−6.23	16.75	1.05
石化工程	38665	0.92	41588	0.87	7.56	44057	0.86	5.94	6.75	0.88
化工医药工程	35851	0.85	31798	0.66	−11.31	42045	0.82	32.23	10.46	0.78
农业工程	17634	0.42	21570	0.45	22.32	26404	0.51	22.41	22.37	0.46
林业工程	9900	0.24	11200	0.23	13.13	9340	0.18	−16.61	−1.74	0.22
电子通信工程	51978	1.24	58777	1.23	13.08	72471	1.41	23.30	18.19	1.29
广播影视电视	6364	0.15	5452	0.11	−14.33	7641	0.15	40.15	12.91	0.14
其他	153930	3.67	168339	3.51	9.36	209502	4.09	24.45	16.91	3.76

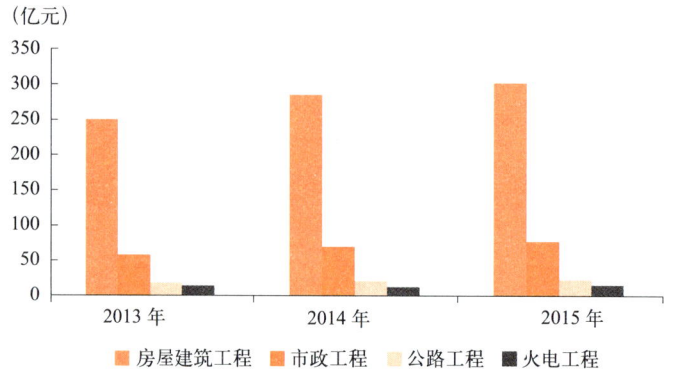

图5-11 2013～2015年分专业收入总体变化图（占比前4）

从各专业收入所占百分比角度分析，2013～2015年，在划分的23种专业收入中，房屋建筑工程专业收入占比过半，高达59%左右，可见工程造价咨询业务收入以房屋建筑工程咨询业务收入为核心。此外，房屋建筑工程、市政工程及公路工程占比较大，这三类专业收入比例占绝对优势，铁路、火电、水利等专业工程所占比例合计甚少，为20%左右，其中航天工程、广播影视电视、核工业工程平均占比最少，分别为0.06%、0.08%、0.15%。从变化趋势角度分析，2013～2015年工程造价咨询业务收入平均增长较快的专业有航空工程、新能源工程、铁路工程，平均增长率分别为32.83%、26.17%、25.00%，航天、林业、水运、冶金及核工业工程平均呈下降趋势，其中核工业工程波动最大，2014年下降率高达85.86%，2015年增长率高达62.62%。

2. 区域变化情况

平均占比最大的前3个专业的工程造价咨询业务收入2013～2015年间的区域变化情况如表5-10及图5-12～图5-14所示。

2013～2015年间，房屋建筑工程专业咨询业务收入在云南平均增长最快，平均增长率为28.17%，在山东平均呈下降趋势，平均下降率为0.91%；市政工程专业咨询业务收入在吉林平均增长最快，平均增长率分别为144.97%，在上海、黑龙江平均呈下降趋势，平均下降率为2.18%、9.56%；公路工程专业咨询业务收入在新疆、江西平均增长最快，平均增长率为51.35%、35.47%，在湖南、北京、黑龙江、山西平均呈下降趋势，平均下降率为1.76%、1.97%、6.78%、8.77%。

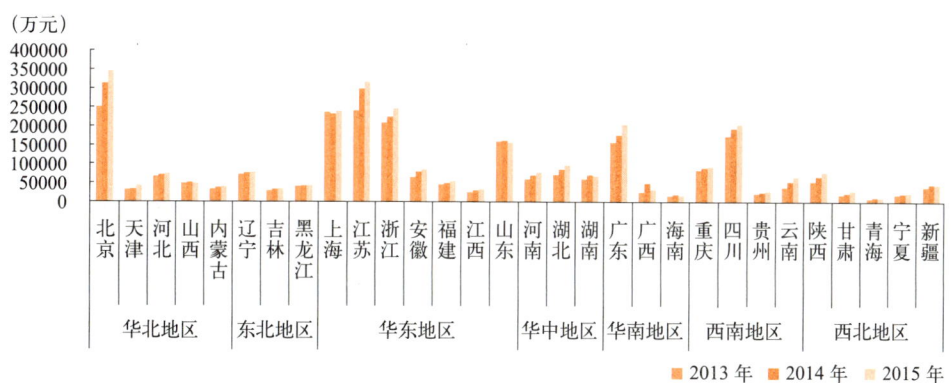

图5-12　2013～2015年房屋建筑工程专业咨询业务收入区域变化图

表5-10

2013~2015年分专业收入区域变化情况表（占比前3）（万元）

区域	省份	2013年			2014年						2015年						房屋建筑工程平均增长（%）	市政工程平均增长（%）	公路工程平均增长（%）
		房屋建筑工程	市政工程	公路工程	房屋建筑工程		市政工程		公路工程		房屋建筑工程		市政工程		公路工程				
		收入	收入	收入	收入	增长率(%)	收入	增长率(%)	收入	增长率(%)	收入	增长率(%)	收入	增长率(%)	收入	增长率(%)			
合计		2497543	576196	181695	2855063	14.31	680257	18.06	202666	11.54	3012266	5.51	750259	10.29	223993	10.52	9.91	14.18	11.03
华北地区	北京	251139	45779	14061	314436	25.20	54863	19.84	14460	2.84	345831	9.98	69198	26.13	13480	-6.78	17.59	22.99	-1.97
	天津	31825	9847	2494	33924	6.60	11765	19.48	3529	41.50	43042	26.88	12316	4.68	2501	-29.13	16.74	12.08	6.18
	河北	67527	14198	5006	72072	6.73	15342	8.06	5055	0.98	74789	3.77	18472	20.40	6375	26.11	5.25	14.23	13.55
	山西	49009	7247	3207	51341	4.76	9606	32.55	3773	17.65	49127	-4.31	8791	-8.48	2445	-35.20	0.22	12.03	-8.77
	内蒙古	33960	6285	3080	38255	12.65	9607	52.86	4554	47.86	40286	5.31	9466	-1.47	4229	-7.14	8.98	25.69	20.36
东北地区	辽宁	72710	12839	2193	77299	6.31	13645	6.28	2078	-5.24	78665	1.77	14374	5.34	2460	18.38	4.04	5.81	6.57
	吉林	30014	5967	864	33576	11.87	27255	356.76	1787	106.83	34960	4.12	9040	-66.83	1112	-37.77	7.99	144.97	34.53
	黑龙江	41209	8744	2762	42248	2.52	8777	0.38	2568	-7.02	44216	4.66	7066	-19.49	2400	-6.54	3.59	-9.56	-6.78
华东地区	上海	237735	46725	5403	232308	-2.28	45787	-2.01	7323	35.54	240512	3.53	44707	-2.36	7254	-0.94	0.62	-2.18	17.30
	江苏	241942	55919	10910	299521	23.80	64596	15.52	14762	35.31	318220	6.24	68985	6.79	16877	14.33	15.02	11.16	24.82
	浙江	209766	43764	15984	225438	7.47	50998	16.53	15573	-2.57	247179	9.64	63115	23.76	18239	17.12	8.56	20.14	7.27
	安徽	65813	18519	4127	80233	21.91	20999	13.39	5040	22.12	86380	7.66	23159	10.29	6285	24.70	14.79	11.84	23.41
	福建	46045	11963	4223	49825	8.21	12581	5.17	6951	64.60	54716	9.82	15571	23.77	5272	-24.15	9.01	14.47	20.22
	江西	25060	4991	1140	29570	18.00	7652	53.32	1365	19.74	33923	14.72	9214	20.41	2064	51.21	16.36	36.86	35.47
	山东	160745	32094	6066	161966	0.76	37288	16.18	6947	14.52	157778	-2.59	39102	4.86	6526	-6.06	-0.91	10.52	4.23

续表

区域	省份	2013年 房屋建筑工程	2013年 市政工程	2013年 公路工程	2014年 房屋建筑工程 收入	增长率(%)	2014年 市政工程 收入	增长率(%)	2014年 公路工程 收入	增长率(%)	2015年 房屋建筑工程 收入	增长率(%)	2015年 市政工程 收入	增长率(%)	2015年 公路工程 收入	增长率(%)	房屋建筑工程平均增长(%)	市政工程平均增长(%)	公路工程平均增长(%)
华中地区	河南	60058	13420	3370	69463	15.66	15780	17.59	2967	-11.96	77670	11.81	19968	26.54	4911	65.52	13.74	22.06	26.78
	湖北	72774	16442	4934	85744	17.82	21236	29.16	5877	19.11	97282	13.46	28328	33.40	6257	6.47	15.64	31.28	12.79
	湖南	60158	19236	11458	70107	16.54	26632	38.45	11895	3.81	69303	-1.15	29350	10.21	11023	-7.33	7.70	24.33	-1.76
华南地区	广东	158826	40481	11265	177355	11.67	41933	3.59	12526	11.19	205411	15.82	50992	21.60	19116	52.61	13.74	12.60	31.90
	广西	27105	6076	2934	48628	79.41	6881	13.25	2970	1.23	32951	-32.24	7005	1.80	3612	21.62	23.58	7.53	11.42
	海南	15655	3346	2019	18551	18.50	4721	41.09	1609	-20.31	17128	-7.67	3978	-15.74	2127	32.19	5.41	12.68	5.94
西南地区	重庆	82946	35664	11368	90110	8.64	37476	5.08	13022	14.55	92458	2.61	44738	19.38	13902	6.76	5.62	12.23	10.65
	四川	174291	51663	17119	194747	11.74	59055	14.31	17318	1.16	206542	6.06	69587	17.83	21262	22.77	8.90	16.07	11.97
	贵州	21032	6844	2819	24474	16.37	8597	25.61	3002	6.49	27647	12.96	11935	38.83	4171	38.94	14.67	32.22	22.72
	云南	39978	10765	16599	54153	35.46	11427	6.15	16373	-1.36	65462	20.88	15965	39.71	18460	12.75	28.17	22.93	5.69
西北地区	陕西	53453	9867	5067	67497	26.27	12402	25.69	7345	44.96	77539	14.88	13773	11.05	8024	9.24	20.58	18.37	27.10
	甘肃	19646	3449	722	22497	14.51	5792	67.93	853	18.14	29579	31.48	4933	-14.83	1146	34.35	23.00	26.55	26.25
	青海	8891	1380	194	11612	30.60	1613	16.88	313	61.34	11521	-0.78	2226	38.00	276	-11.82	14.91	27.44	24.76
	宁夏	19678	3517	1296	21604	9.79	5030	43.02	2210	70.52	23030	6.60	5091	1.21	1937	-12.35	8.19	22.12	29.09
	新疆	38964	5386	1424	46722	19.91	8040	49.28	2515	76.62	44585	-4.57	8658	7.69	3171	26.08	7.67	28.48	51.35
行业归口		78683	23041	7587	109787	39.53	22883	-0.69	6107	-19.51	84532	-23.00	21157	-7.54	7077	15.88	8.26	-4.11	-1.81

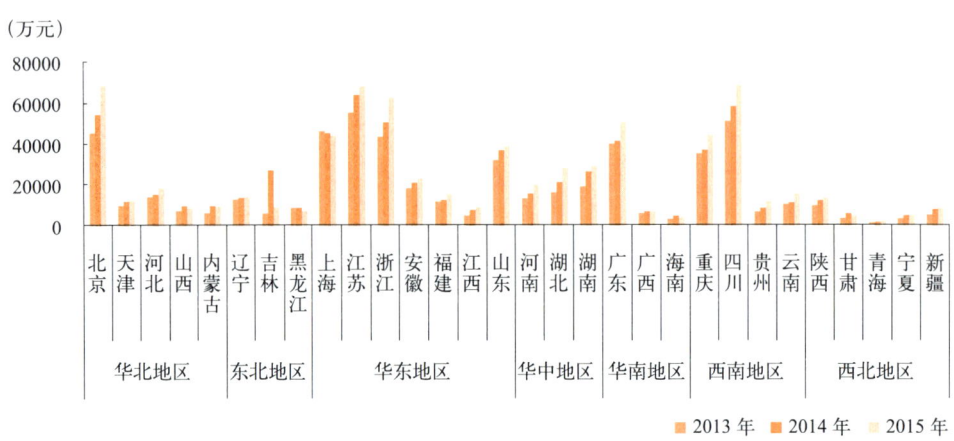

图5-13 2013～2015年市政工程专业咨询业务收入区域变化图

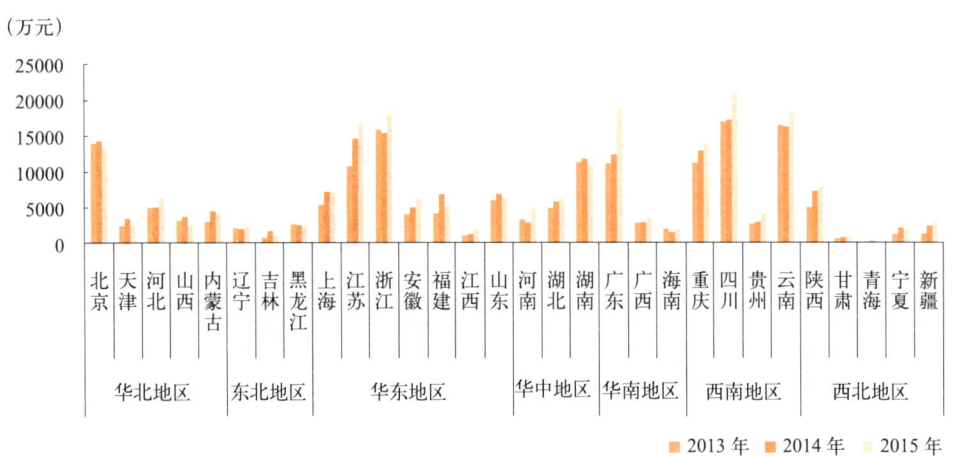

图5-14 2013～2015年公路工程专业咨询业务收入区域变化图

二、按工程建设阶段分类的工程造价咨询业务收入统计分析

(一) 2015年按工程建设阶段分类的基本情况

2015年按工程建设阶段分类的工程造价咨询业务收入如表5-11和图5-15所示。

2015年按工程建设阶段分类的工程造价咨询业务收入基本情况汇总表（亿元）　表5-11

区域	省份	合计	前期决策阶段咨询	实施阶段咨询	竣工决算阶段咨询	全过程工程造价咨询	工程造价经济纠纷的鉴定和仲裁的咨询	其他
	合计	512.74	49.96	131.82	187.12	123.32	8.61	11.9
华北地区	北京	59.23	4.75	13.95	18.11	20.3	0.46	1.65
	天津	7.71	0.6	2.51	1.72	2.62	0.14	0.12
	河北	11.54	1.17	2.92	4.81	2.15	0.37	0.12
	山西	8.43	0.71	1.57	4.84	1.13	0.07	0.12
	内蒙古	6.3	0.38	0.61	3.67	1.25	0.14	0.26
东北地区	辽宁	11.11	0.78	2.55	4.48	2.76	0.36	0.19
	吉林	5.35	0.67	1.37	2.38	0.77	0.06	0.09
	黑龙江	6.58	0.74	0.74	3.4	1.12	0.18	0.39
华东地区	上海	34.34	1.35	3.14	14.47	14.48	0.42	0.48
	江苏	48.51	2.69	8.42	23.91	10.75	0.95	1.8
	浙江	36.54	3.38	9.91	16.59	5.77	0.62	0.26
	安徽	13.15	1.47	2.87	6.25	1.92	0.36	0.29
	福建	8.27	1.14	4.14	1.97	0.75	0.06	0.21
	江西	5.34	0.59	1.04	2.9	0.75	0.05	0.02
	山东	23.56	1.71	4.29	9.72	6.88	0.5	0.45
华中地区	河南	11.5	1.04	3.91	4.21	1.65	0.39	0.29
	湖北	15.26	1.77	5.39	4.55	3.09	0.25	0.21
	湖南	13.2	1.87	3.49	5.12	2.25	0.32	0.14
华南地区	广东	33.62	3.53	13.18	7.01	8.28	0.91	0.7
	广西	5.25	0.65	1.94	1.78	0.72	0.07	0.09
	海南	2.55	0.31	0.73	0.92	0.31	0.06	0.22
西南地区	重庆	18.21	2.45	5.58	5.05	4.4	0.32	0.41
	四川	35.65	3.83	10.34	13.48	6.5	0.52	0.98
	贵州	5.23	0.54	1.43	2.02	1.06	0.12	0.05
	云南	13.47	1.13	3.51	3.84	4.38	0.05	0.56

续表

区域	省份	合计	前期决策阶段咨询	实施阶段咨询	竣工决算阶段咨询	全过程工程造价咨询	工程造价经济纠纷的鉴定和仲裁的咨询	其他
西北地区	陕西	11.89	1.12	3.03	5.14	2.27	0.19	0.13
	甘肃	3.83	0.52	1.01	1.61	0.58	0.06	0.06
	青海	1.58	0.28	0.64	0.38	0.26	0.03	0.01
	宁夏	3.72	0.21	2.44	0.52	0.3	0.13	0.12
	新疆	7.01	0.46	1.71	3.38	1.31	0.07	0.09
行业归口		44.81	8.13	13.45	8.88	12.57	0.36	1.41

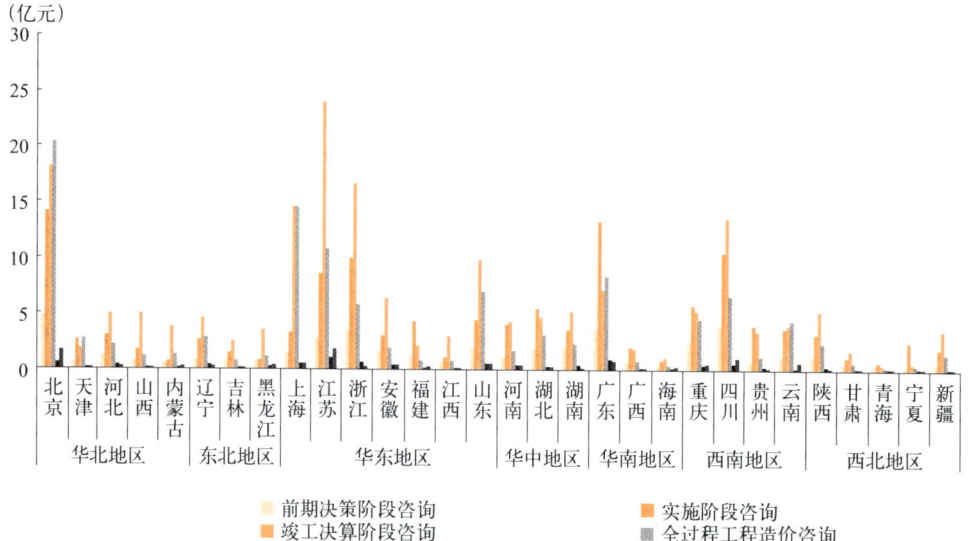

图5-15 2015年按工程建设阶段分类的工程造价咨询业务收入变化图

1. 总体情况

2015年工程造价咨询业务收入按工程建设的阶段划分,其中前期决策阶段咨询业务收入为49.96亿元、实施阶段咨询业务收入131.82亿元、竣工决算阶段咨询业务收入最高为187.12亿元、全过程工程造价咨询业务收入123.32亿元、工程造价经济纠纷的鉴定和仲裁的咨询业务收入8.61亿元,各类业务收入占工程造价咨询业务收入比例分别为9.74%、25.71%、36.49%、24.05%和1.68%。此外,其他工程造价咨询业务收入 11.9 亿元，占 2.32%。

2. 区域情况

2015 年前期决策阶段咨询业务收入及实施阶段咨询业务收入在北京、四川、广东、浙江较高，竣工决算阶段咨询业务收入在江苏、北京、浙江、上海较高，全过程工程造价咨询业务收入在北京、上海、江苏较高，工程造价经济纠纷的鉴定和仲裁的咨询业务收入在江苏、广东、浙江较高，其他业务收入在江苏、北京最高。

（二）2013～2015 年按工程建设阶段分类的变化情况

1. 总体变化情况

2013～2015 年按工程建设阶段分类的工程造价咨询业务收入变化情况如表 5-12 和图 5-16 所示。

2013～2015年按工程建设阶段分类的工程造价咨询收入总体变化表（亿元）　　表5-12

阶段分类	2013年		2014年			2015年			平均增长(%)	平均占比(%)
	收入	占比(%)	收入	占比(%)	增长(%)	收入	占比(%)	增长(%)		
前期决策阶段咨询	42.65	10.16	49.63	10.36	16.37	49.96	9.74	0.67	8.52	10.09
实施阶段咨询	106.94	25.49	127.98	26.70	19.68	131.82	25.71	3.00	11.34	25.97
竣工决算阶段咨询	153.89	36.68	165.95	34.63	7.84	187.12	36.49	12.76	10.30	35.93
全过程工程造价咨询	100.83	24.03	115.58	24.12	14.63	123.32	24.05	6.69	10.66	24.07
工程造价鉴定和仲裁	5.61	1.34	6.78	1.41	20.68	8.61	1.68	27.08	23.88	1.48
其他	9.65	2.30	13.34	2.78	38.17	11.9	2.32	−10.77	13.70	2.47

（1）从所占百分比角度分析，2013～2015 年各阶段收入占工程造价咨询业务收入比例由高到低为竣工决算阶段、实施阶段、全过程、前期决策阶段、工程造价经济纠纷的鉴定和仲裁。上述收入高低关系说明竣工决算阶段咨询存在较高的核减效益收入；全过程工程造价咨询是工程造价咨询行业的一个发展方

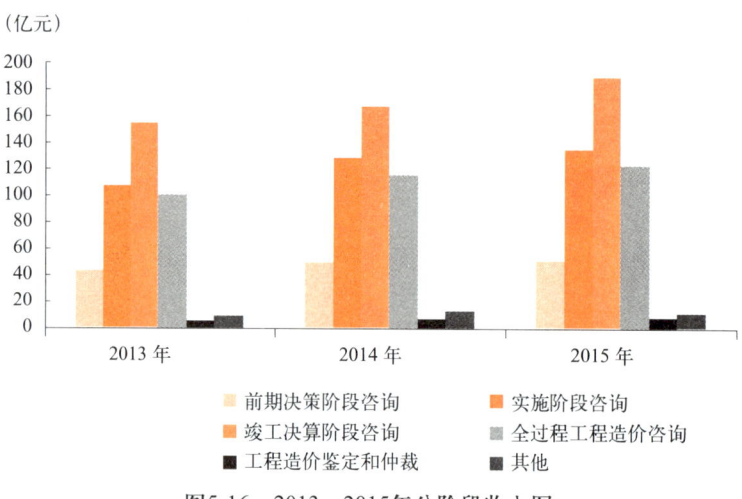

图5-16 2013~2015年分阶段收入图

向，占比较高；前期决策阶段咨询业务收入绝对额不大，但仍占有一定比例，其重要性在日益得到认可；工程造价经济纠纷的鉴定和仲裁业务收入比例非常低，主要由于此类业务存在资质许可门槛，专业技术要求高，业务实施难度大。2013~2015年间，前期决策阶段、实施阶段、全过程以及其他咨询业务收入占比呈先增后减的状态，竣工决算阶段咨询收入占比呈先减后增的状态，工程造价经济纠纷的鉴定和仲裁业务收入占比呈稳定增长态势，各阶段咨询业务收入占比增减幅度不大。

(2) 从变化趋势角度分析，各阶段收入都呈现逐年增长态势，其中前期决策阶段、实施阶段以及全过程工程造价咨询业务收入增长速度大幅放缓，竣工决算阶段及工程造价鉴定和仲裁咨询业务收入增速加快。2013~2015年各阶段收入中平均增速最快的阶段是工程造价鉴定和仲裁咨询业务收入，平均增长率为23.88%，平均增速最慢的阶段是前期决策阶段咨询业务收入，平均增长率为8.52%。

2. 区域变化情况

2013~2015年按工程建设阶段分类的工程造价咨询业务收入区域变化情况见表5-13。

2013~2015年按工程建设阶段分类的工程造价咨询业务收入变化情况表（万元） 表5-13
（平均占比排名前4的地区）

省份	2013年		2014年			2015年			平均占比(%)	平均增长(%)
	收入	占比(%)	收入	占比(%)	增长率(%)	收入	占比(%)	增长率(%)		
前期决策阶段收入										
青海	1892	16.34	1980	13.11	4.65	2800	17.72	41.41	15.72	23.03
海南	4897	20.74	3359	12.39	−31.41	3100	12.16	−7.71	15.10	−19.56
湖南	18266	16.80	18240	14.13	−0.14	18700	14.17	2.52	15.03	1.19
重庆	23305	15.22	23667	14.52	1.55	24500	13.45	3.52	14.40	2.54
实施阶段咨询收入										
宁夏	24366	80.11	25033	70.03	2.74	24400	65.59	−2.53	71.91	0.10
福建	34844	50.69	38305	50.78	9.93	41400	50.06	8.08	50.51	9.01
青海	5572	48.12	7565	50.11	35.77	6400	40.51	−15.40	46.24	10.18
广西	11783	28.26	30016	44.99	154.74	19400	36.95	−35.37	36.73	59.69
竣工决算阶段咨询收入										
内蒙古	29671	57.84	34552	56.25	16.45	36700	58.25	6.22	57.45	11.33
江西	19878	54.89	24938	55.89	25.46	29000	54.31	16.29	55.03	20.87
山西	46568	56.08	46014	51.34	−1.19	48400	57.41	5.19	54.94	2.00
黑龙江	30266	49.66	30404	46.63	0.46	34000	51.67	11.83	49.32	6.14
全过程工程造价咨询收入										
上海	154973	47.37	139328	42.81	−10.10	144800	42.17	3.93	44.11	−3.08
天津	19448	36.13	22313	35.85	14.73	26200	33.98	17.42	35.32	16.08
云南	33037	36.74	35288	33.07	6.81	43800	32.52	24.12	34.11	15.47
北京	141874	33.69	162916	31.06	14.83	203000	34.27	24.60	33.01	19.72
工程造价经济纠纷的鉴定和仲裁收入										
辽宁	3038	3.02	2968	2.73	−2.30	3600	3.24	21.29	3.00	9.49
海南	567	2.40	967	3.57	70.55	600	2.35	−37.95	2.77	16.30
黑龙江	1029	1.69	2383	3.66	131.58	1800	2.74	−24.46	2.69	53.56
河北	2272	2.27	2438	2.27	7.31	3700	3.21	51.76	2.58	29.54

101

续表

省份	2013年		2014年			2015年			平均占比(%)	平均增长(%)
	收入	占比(%)	收入	占比(%)	增长率(%)	收入	占比(%)	增长率(%)		
其他收入										
吉林	3303	7.16	19701	28.07	496.46	900	1.68	−95.43	12.30	200.51
广西	756	1.81	10560	15.83	1296.83	900	1.71	−91.48	6.45	602.67
云南	3706	4.12	4742	4.44	27.95	5600	4.16	18.09	4.24	23.02
内蒙古	1794	3.50	2926	4.76	63.10	2600	4.13	−11.14	4.13	25.98

（1）从占比角度分析，2013~2015年各阶段咨询收入在平均占比排名前4的地区中变化幅度都不太大，除了其他咨询业务收入中，吉林2013年占比为7.16%，2014年占比高达28.07%，2015年占比低至1.68%，广西2013年占比1.81%，2014年占比高至15.83%，2015年低至1.71%。前期决策阶段咨询收入中，2012年海南占比最高为20.74%，2013年重庆占比最高为14.52%，2015年青海占比最高为17.72%；实施阶段咨询收入中，2013~2015年都是宁夏占比最高，分别为80.11%、70.03%、65.59%；竣工决算阶段咨询收入中，2013~2015年都是内蒙古占比最高，分别为57.84%、56.25%、58.25%；全过程工程造价咨询收入中，2013~2015年都是上海占比最高，分别为47.37%、42.81%、42.17%；工程造价经济纠纷的鉴定和仲裁收入中，2013年辽宁占比最高为3.02%，2014年黑龙江占比最高为3.66%，2015年宁夏占比最高为3.49%。

（2）从变化趋势角度分析，2013~2015年，前期决策阶段咨询收入平均增长最快的地区是云南，平均增长率为159.35%，实施阶段咨询收入平均增长最快的地区是广西，平均增长率为59.69%，竣工决算阶段咨询收入平均增长最快的地区是宁夏，平均增长率为72.58%，全过程工程造价咨询收入平均增长最快的地区是青海，平均增长率为97.44%，工程造价经济纠纷鉴定和仲裁收入平均增长较快的地区是云南、江西，平均增长率为240.61、119.63%。

（3）从区域集中度角度分析，计算华北、东北、华东、华中、华南、西南、西北地区在各阶段的收入中各省平均占比，见表5-14。前期决策阶段咨询业务收入各省平均占比在华中、华南地区较高，实施阶段咨询业务收入各省平均占比在西北、华南地区较高，竣工决算阶段咨询业务收入各省平均占比在东北、华东地区较高，全过程工程造价咨询业务收入各省平均占比在华北、西南较高，工程造价经济纠纷的鉴定和仲裁的咨询业务收入各省平均占比在东北、华中地区较高。

2013~2015年各地区在各阶段收入中各省平均占比表（%）　　表5-14

内容	区域	2013年	2014年	2015年	平均占比
前期决策阶段咨询业务收入	华北地区	7.94	8.41	8.08	8.14
	东北地区	10.24	8.51	10.26	9.67
	华东地区	8.31	8.88	8.86	8.68
	华中地区	13.25	12.67	11.60	12.50
	华南地区	15.67	9.82	11.68	12.39
	西南地区	11.32	11.24	10.73	11.09
	西北地区	10.66	10.42	10.59	10.55
实施阶段咨询业务收入	华北地区	20.76	23.28	21.94	21.99
	东北地区	18.32	21.87	19.94	20.04
	华东地区	24.32	24.96	23.31	24.20
	华中地区	30.94	32.35	31.92	31.73
	华南地区	30.26	39.42	34.93	34.87
	西南地区	26.61	29.47	28.27	28.11
	西北地区	42.52	40.45	36.47	39.81
竣工决算阶段咨询业务收入	华北地区	42.45	39.49	42.05	41.33
	东北地区	44.97	38.36	45.49	42.94
	华东地区	42.64	41.69	43.39	42.57
	华中地区	37.09	35.71	35.07	35.96
	华南地区	34.94	26.26	30.28	30.49
	西南地区	35.06	34.02	33.17	34.09
	西北地区	31.56	30.91	34.30	32.26

续表

内容	区域	2013年	2014年	2015年	平均占比
全过程工程造价咨询业务收入	华北地区	25.64	24.87	24.03	24.85
	东北地区	20.64	17.01	18.75	18.80
	华东地区	21.75	21.71	21.00	21.49
	华中地区	15.09	15.55	17.21	15.95
	华南地区	15.24	15.81	16.83	15.96
	西南地区	22.59	21.37	23.80	22.58
	西北地区	12.28	15.02	15.49	14.26
工程造价经济纠纷的鉴定和仲裁的咨询业务收入	华北地区	1.41	1.28	1.77	1.49
	东北地区	2.17	2.51	2.37	2.35
	华东地区	1.24	1.37	1.63	1.41
	华中地区	1.37	1.49	2.48	1.78
	华南地区	1.97	2.34	2.13	2.15
	西南地区	1.22	1.17	1.47	1.29
	西北地区	1.37	1.62	1.91	1.63
其他咨询业务收入	华北地区	1.80	2.67	2.19	2.22
	东北地区	3.66	11.74	3.11	6.17
	华东地区	1.70	1.39	1.84	1.64
	华中地区	2.27	2.24	1.65	2.05
	华南地区	1.92	6.36	4.14	4.14
	西南地区	3.20	2.73	2.53	2.82
	西北地区	1.63	1.58	1.56	1.59

第三节 企业盈利统计分析

一、2015年企业盈利统计分析

2015年各地区工程造价咨询企业财务状况汇总信息见表5-15，利润总额变化情况如图 5-17 所示。

2015年各地区财务状况汇总表（亿元）　　　　　　表5-15

区域	省份	营业收入合计	工程造价咨询营业收入	其他收入	利润总额	所得税
	合计	1075.86	512.74	536.12	103.61	25.02
华北地区	北京	73.54	59.23	14.31	6.55	1.66
	天津	14.39	7.71	6.68	1.67	0.4
	河北	21.88	11.54	10.35	1.36	0.3
	山西	11.43	8.43	3	1.23	0.28
	内蒙古	8.23	6.3	1.93	0.71	0.12
东北地区	辽宁	13.24	11.11	2.13	0.83	0.24
	吉林	12.21	5.35	6.86	1.26	1.34
	黑龙江	7.55	6.58	0.97	0.5	0.11
华东地区	上海	61.32	34.34	26.98	7.34	1.77
	江苏	82.61	48.51	34.09	8.69	2.1
	浙江	63.05	36.54	26.5	5.46	1.23
	安徽	27.69	13.15	14.54	2.67	1.39
	福建	22.23	8.27	13.97	1.69	0.4
	江西	12.53	5.34	7.19	1.81	0.22
	山东	44.58	23.56	21.02	3.63	0.72
华中地区	河南	23.34	11.5	11.84	1.19	0.28
	湖北	21.34	15.26	6.08	1.63	0.31
	湖南	23.11	13.2	9.91	1.99	0.33
华南地区	广东	67.4	33.62	33.78	4.99	1.18
	广西	12.36	5.25	7.11	0.29	0.19
	海南	3.25	2.55	0.7	0.16	0.07
西南地区	重庆	25.2	18.21	6.99	1.77	0.25
	四川	78.99	35.65	43.34	7.4	1.67
	贵州	11.85	5.23	6.62	1.02	0.12
	云南	15.78	13.47	2.31	1.26	0.29

续表

区域	省份	营业收入合计	工程造价咨询营业收入	其他收入	利润总额	所得税
西北地区	陕西	22.99	11.89	11.1	3.18	2.14
	甘肃	11.24	3.83	7.41	0.95	0.17
	青海	3.5	1.58	1.92	0.6	0.12
	宁夏	5.18	3.72	1.46	0.49	0.08
	新疆	10.42	7.01	3.41	1.05	0.2
行业归口		263.4	44.81	218.59	30.26	5.33

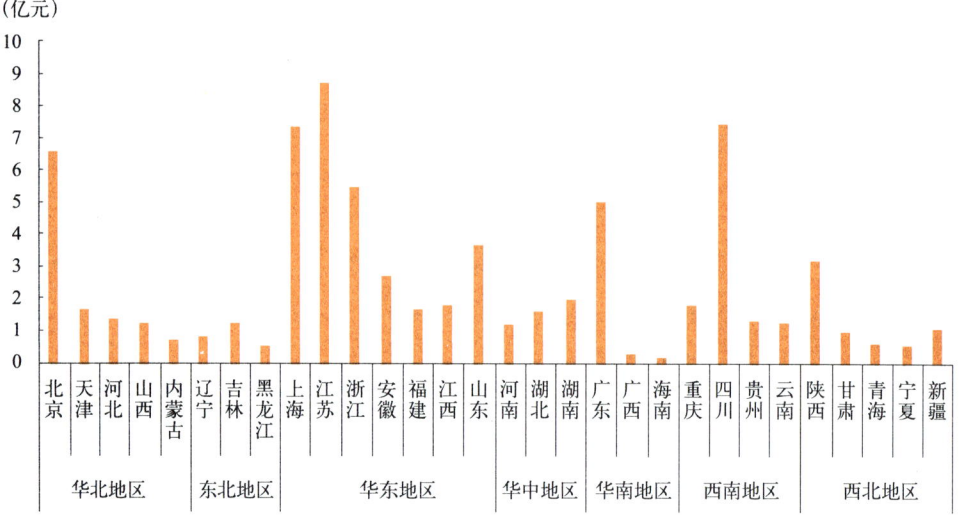

图5-17　2015年工程造价咨询企业利润总额基本情况简图

（一）从利润总额角度总体分析

2015年上报的工程造价咨询企业实现利润总额高达103.61亿元，其中，利润总额较高的地区是江苏、四川、上海，分别为8.69亿元、7.4亿元、7.34亿元，说明工程造价咨询企业在江苏、四川、上海三个地区发展较为成熟和繁荣，也在一定程度上说明随着行业上游企业及政府投资项目对成本管控要求越来越严格，成本管理的需求也不断增加，市场主体对工程造价咨询行业的专业认同程度越来越高，乐于将成本管理的工作交给专业的咨询公司承接，促进了市场规模的扩大，行业地位的提升，并使得造价咨询行业在社会中发挥越来越大的作用。

（二）从利润总额角度区域分析

根据图 5-17，可看出，与其他地区相比，华东地区工程造价咨询企业实现的利润总额较高。在华北地区，北京实现利润总额最高为 6.55 亿元，在华南地区，广东实现利润总额最高为 4.99 亿元，在西南地区，四川实现利润总额最高为 7.4 亿元，在西北地区，陕西实现利润总额最高为 3.18 亿元。

二、2013～2015 年企业盈利对比分析

2013～2015 年工程造价咨询企业财务收入利润总额变化情况如表 5-16 和图 5-18 所示。

2013～2015年财务收入利润总额变化情况汇总表　　　　表5-16

区域	省份	2013年	2014年		2015年		平均增长率（%）
		利润总额（亿元）	利润总额（亿元）	增长率（%）	利润总额（亿元）	增长率（%）	
	合计	82.81	103.88	25.45	103.61	−0.26	12.59
华北地区	北京	3.63	6.00	65.48	6.55	9.08	37.28
	天津	1.35	1.43	6.28	1.67	16.42	11.35
	河北	0.94	1.31	39.09	1.36	3.92	21.51
	山西	0.52	1.40	172.17	1.23	−12.42	79.88
	内蒙古	0.48	0.66	37.26	0.71	8.40	22.83
东北地区	辽宁	1.37	0.90	−33.86	0.83	−8.10	−20.98
	吉林	1.01	1.17	15.95	1.26	8.10	12.02
	黑龙江	0.60	0.50	−16.45	0.50	0.02	−8.21
华东地区	上海	5.71	7.08	23.83	7.34	3.73	13.78
	江苏	7.01	8.12	15.92	8.69	6.96	11.44
	浙江	5.28	5.01	−5.13	5.46	8.98	1.93
	安徽	2.62	2.49	−4.83	2.67	7.03	1.10

续表

区域	省份	2013年 利润总额（亿元）	2014年 利润总额（亿元）	增长率（%）	2015年 利润总额（亿元）	增长率（%）	平均增长率（%）
华东地区	福建	1.96	1.59	−18.64	1.69	6.24	−6.20
	江西	0.70	1.81	158.30	1.81	−0.01	79.15
	山东	3.62	3.63	0.23	3.63	0.10	0.16
华中地区	河南	1.53	0.94	−38.17	1.19	26.07	−6.05
	湖北	2.40	1.53	−36.47	1.63	6.88	−14.80
	湖南	1.50	1.72	14.69	1.99	15.46	15.08
华南地区	广东	2.80	4.32	54.50	4.99	15.55	35.02
	广西	0.36	0.31	−12.66	0.29	−7.02	−9.84
	海南	0.18	0.16	−10.39	0.16	0.82	−4.79
西南地区	重庆	1.04	1.59	52.27	1.77	11.51	31.89
	四川	5.08	6.06	19.29	7.40	22.04	20.66
	贵州	1.19	1.07	−10.47	1.02	−4.23	−7.35
	云南	1.09	1.07	−1.59	1.26	17.57	7.99
西北地区	陕西	2.23	2.77	24.30	3.18	14.67	19.49
	甘肃	0.61	0.84	38.93	0.95	12.71	25.82
	青海	0.47	0.57	21.24	0.60	4.79	13.01
	宁夏	0.47	0.46	−2.50	0.49	7.22	2.36
	新疆	0.94	1.05	12.19	1.05	−0.42	5.89
行业归口		27.77	36.31	30.75	30.26	−16.66	7.05

（一）从总体变化角度分析

与前一年相比，2014年增长率为25.45%，2015年增长率为−0.26%，平均增长率为12.59%，由此可见，我国工程造价咨询企业实现的利润总额呈增长态势，2014年增速较大，但2015年利润总额呈现小幅下跌。

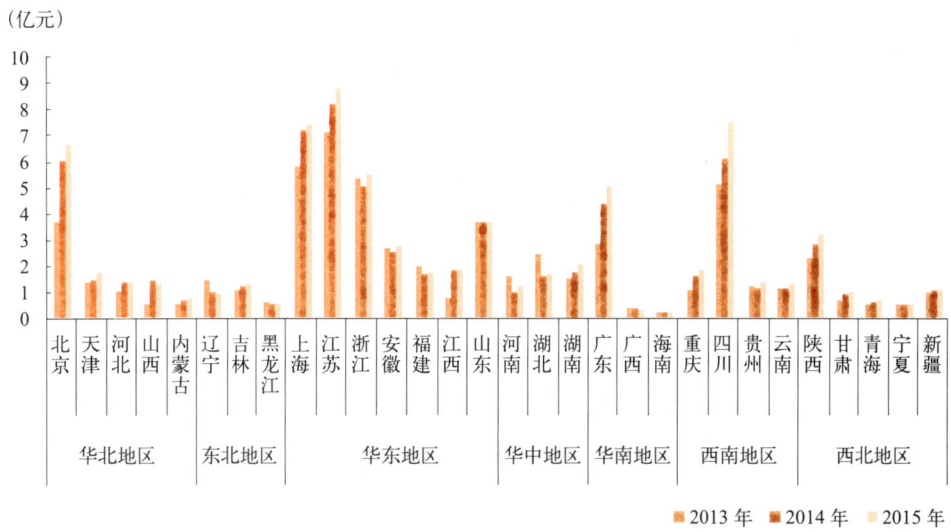

图5-18 2013~2015年财务收入利润总额区域变化图示

(二) 从区域变化角度分析

2013~2015年,虽然华北地区各省份利润总额平均增长率都为正,但北京、河北、山西、内蒙古增长幅度严重下降,尤其是山西,2014年利润总额增长率高达172.17%,但2015年却下降12.42%,只有天津利润总额稳步增长,且增速加快;在东北地区,辽宁利润总额持续下降,但下降幅度有所减缓;华东地区,上海、江苏、江西和山东利润总额平均增长率都为正,但增幅严重下降,尤其是江西,2014年利润总额增长率高达158.30%,但2015年却下降0.01%;在华中地区,湖南利润总额呈稳步增长态势,虽然河南、湖北平均增长率为负,但从2014年到2015年都呈增长态势;在华南地区,广东平均增长率最高为35.02%;在西南地区,除贵州外各省利润总额平均呈增长态势,其中重庆最高为31.89%;在西北地区,各省利润总额平均呈增长态势,其中甘肃最高为25.82%。

第六章 行业存在的主要问题、对策及展望

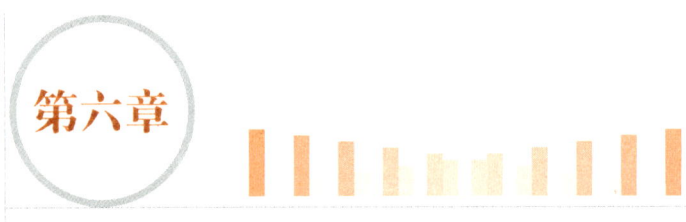

第一节 行业存在的主要问题

一、行业管理改革有待深化

住房城乡建设部《关于进一步推进工程造价管理改革的指导意见》的出台，为完善市场决定工程造价机制，规范工程计价行为，提升工程造价公共服务水平指明了方向。全国各地自上而下积极贯彻改革精神，部署改革工作，制定改革任务的具体实施方案，积极稳妥地推进工程造价管理改革，在推进造价立法工作、发挥计价依据在推动建筑业转型升级中的支撑作用、创新监管体制、化解工程结算难等问题上取得了一定的成效。

但在落实工程造价管理改革任务的过程中，仍旧存在如下严重阻碍改革进程的问题：

（1）不同地区间工程造价管理改革开展不平衡。部分地区改革创新意识薄弱，改革进程缓慢，对工程造价咨询市场的行政监管方式趋于简单化，缺乏助推建筑业转型升级和新型城镇化建设的改革举措。

（2）一些地区不能及时修订定额，导致工程定额难以反映当地建筑市场实际情况，尤其是定额人工单价与建筑市场实际劳务价格偏差过大，严重影响这些地区工程定额的公信力。

（3）部分地区工程造价行政监管队伍建设滞后，加之一些工程造价管理机构由于地域和政策差异，难以吸引高水平专业技术人才，导致部分工程造价管理机

构整体技术素质呈下降态势，影响了工程造价行政监管的效能。

（4）行业行政审批制度改革有待进一步深化。在信息化的推动下，应简化资质资格申请程序和材料要求，但部分地区尚未实行电子化的审批流程和管理系统，办事效率有待进一步提升。

二、行业低价恶性竞争加剧

从行业近两年的利润总额变化情况可见，2014年增长率为25.45%，2015年增长率为0.03%，我国工程造价咨询企业实现的利润总额呈增长态势，但增速急剧下降，2015年利润总额几乎没有增长，虽然这与国家总体经济形势密不可分，但也间接反映出行业内低价恶性竞争现象的加剧。

造价咨询业务提供的是高智力服务，在行业内部竞争愈演愈烈的情况下，由于我国大多数造价咨询企业在规模、管理、品牌、人员以及提供的服务质量等方面大同小异，未能有效地对市场进行细分，也就不可避免地陷入了低价恶性竞争的困境。尽管初期低价会成为竞争的利器，但随着竞争对手的跟进使得低价差异化的优势荡然无存。长此以往的价格战势必拉低整个行业的利润曲线，使得企业为低价而低价，最终导致企业无力为长远发展投入研发和开展品牌塑造，致使行业竞争始终停留在低水平上。与此同时，工程造价咨询市场委托人所得到的服务质量也必将逐渐下降，工程造价咨询纠纷也必将增加，这种短视行为将会导致整个行业陷入恶性循环之中，进而危及整个行业的生存。虽然行业内已普遍认识到恶性低价竞争带来的负面效应，但在市场监管及行业自律方面仍旧缺乏有效遏制低价竞争的措施，低价恶性竞争现象依然严重，成为阻碍行业发展的一大障碍。

三、地区封锁和行业垄断亟待破除

尽管2014年国务院出台的《关于促进市场公平竞争维护市场正常秩序的若干意见》中明确提出要通过改革市场准入制度、大力减少行政审批事项、禁止变相审批、打破地区封锁和行业垄断、完善市场退出机制来放宽市场准入。但在实际市场运作中，工程造价咨询行业仍存在着不同程度的地区封锁和行业垄断。具体表现在两个方面：一方面，在行业准入时设置种种壁垒限制或排斥外地工程造价咨询机构参与本地区工程造价咨询服务和其他工程咨询服务,部分地区通过对外地企业实行登记备案管理制度,对工程造价咨询企业进入本地市场制定了种种限制条件,对违反规定的外地企业设定了严苛的处罚措施;另一方面,对外地工程造价咨询机构参与本地区工程造价咨询服务或其他咨询服务投标实行差别性政策,如在资格预审文件或招标文件中规定只认可在本地区完成的项目业绩或本地获得的咨询服务奖项,要求外地工程造价咨询企业法人代表到场开标并参与询标,导致外地工程造价咨询企业投标成本和投标难度增大。此外,一些地区通过建立工程造价咨询服务机构库等方式实施地区封锁。

这些现象使得工程造价咨询企业不能公正地进入市场进行公平竞争,形成了众多条块分割、行业封锁的死胡同,严重阻碍了市场的平等竞争,破坏了市场竞争秩序,难以适应建筑市场蓬勃发展的需要。

四、区域发展不平衡现象依旧严重

纵向对比 2013～2015 年各区域工程造价咨询企业各项数据统计结果,尽管行业整体发展趋势放缓,但区域间发展不平衡现象仍旧十分突出,并逐步呈现三个梯队的态势。华东地区在企业数量、规模、人员结构、营业收入等方面遥遥领先占据龙头;处于第二梯队的华北、华中、西南、华南地区持续发力,营业收入增速横向比较相对较高;而东北、西北地区稍显劣势,各项指标与上述区域差距较大,尤其在营业收入这一项上,东北地区甚至在 2015 年度出现了负增长,这也凸显出了区域间发展的不平衡。此外,具体到区域内的各地区,从营业收入来看,我国华北和华南地区标准差系数较大,该区域内各个地区行业发展也表现出较大的不均衡现象,而且这种不均衡在纵向对比中并没有显著缩小的趋势,这也值得行业内加以重视。

五、行业国际化进展迟缓

自我国加入 WTO 以来,工程造价咨询市场全面放开,由于国外咨询行业现已形成了规范的市场竞争机制,在市场操作能力、经营管理水平和资金等方面都占有很大优势,许多外资企业纷纷渗透到国内政府投资类项目,开始抢占国内高端造价咨询业务市场。与此同时，由于我国工程造价咨询行业起步较晚，市场机制不健全，法律法规不完善，使得国内工程造价咨询企业综合实力较国际水平仍存在较大差距。

尽管我国工程造价咨询行业发展规划中已经确立国际化发展战略，希望通过政策引导打造一批国际性咨询顾问企业，但我国工程造价咨询行业国际化进展依旧迟缓。近年来，"一带一路"等政策的实施为进一步推动工程造价咨询行业国际化进程提供了有利条件。但不得不承认，我国在市场环境、立法进程、经营理念、咨询服务模式上尚难与国际化标准和水平接轨，缺乏行业领军企业国际化的实践，国际化战略仍停留在纸上谈兵阶段，直接影响了工程造价咨询企业"走出去"的进程，制约了行业国际竞争力的提升。

第二节　行业应对策略

一、制度建设与行业自律相结合，不断完善行业监管制度

（一）加强工程造价管理改革和制度建设

（1）完善政府投资工程造价控制有关政策法规。

（2）完善建设工程工程量清单计价配套制度，试行建设工程工程量清单全费用综合单价，开展指数调价法试点。

（3）研究编制多层级建设工程工程量清单，满足包括建设工程设计施工总承包在内的不同工程建设组织方式对工程造价管理的需要。

（4）提高定额科学性。制定建设工程定额体系表，减少定额交叉、矛盾。制定定额编制规则，规范各类定额表现形式；研究新形势下定额水平测定方法及表现形式，提高定额服务工程计价的水平。

（5）按照建立与市场相适应的工程定额管理制度要求，完善定额动态调整等管理机制。

（6）规范建设工程价款结算及鉴定方法，完善工程结算编审规范及造价鉴定

规范,并加强在政府投资工程中的实施力度。

(7) 制定切合实际的指导性收费规定,抑制恶性低价竞争的出现,促进公平公正的市场竞争环境的形成。

(二) 加快完善工程计价依据体系

(1) 编制城市基础设施造价指标,为城市地下综合管廊、海绵城市等基础设施建设提供造价管理支撑。

(2) 着手编制装配式建筑和低碳绿色建筑造价指标,为发展装配式建筑和低碳绿色建筑提供工程造价服务。

(3) 完成"营改增"后工程造价相关计价依据和计价办法的调整。

(4) 完成各类型各阶段建设工程造价数据交换标准编制。

(三) 推进工程造价咨询行业诚信体系建设

尽快起草出台《工程造价咨询企业信用信息管理办法》,搭建统一信息平台,实现资质信息和信用信息的互联互通。指导建立工程造价咨询企业和从业人员的双向信用评价体系和信用档案,形成以道德为支撑,法律为保障的信用制度,建立守信激励和失信惩戒制度,促进行业良性循环。

二、进一步拓展执业深度和广度

(一) 开展多元化发展战略,全面拓宽执业广度

工程造价咨询企业应改变原有以房建、市政、公路等专业作为主营收入来源的局面,顺应国家发展方针,积极打开轨道交通、能源、航空等专业领域市场,寻求新的收入增长点。此外,企业要结合自身优势,将业务从工程实施阶段、竣工结算阶段分别向前及向后延伸;对于熟悉产业发展政策,具有经济规划方面人才的企业,可以向前期决策咨询服务延伸;对于熟悉金融、财政政策,具有注册会计师人才的企业,可以向项目融资咨询领域延伸;对于专业技术人员队伍规模大,具有工程技术方面人才的企业,可以向工程监理和项目管理服务领域延伸;

对于熟悉民法、商法等法律，具有法律专业人才的企业，可以向工程造价经济纠纷的鉴定和仲裁咨询领域延伸。

（二）发展精细化业务，实现执业深度的提升

现阶段工程造价咨询企业之所以存在低水平、同质化竞争，正是由于企业现有水平无法满足高端造价咨询业务的咨询精度，企业应加大创新投入，积极引入价值管理等先进理念，熟练运用信息化技术手段，凝聚高端人才，避免同质化竞争，提供差异化服务，满足高端造价咨询业务的咨询精度和深度要求。

三、不断提高企业管理水准及市场竞争活力

（一）深化企业规范管理

企业管理作为一项系统工程，要使系统实现高效、优质、高产、低耗，就必须按照一定的框架，对企业各项管理要素进行规范化、程序化、标准化设计。传统工程造价咨询企业要做大做强，必须在组织结构、运营流程、绩效考核等方面建立科学系统的规章制度，重视企业定额的编制，使企业的每项工作做到"有规可依、有规必依、执规有据、违规可纠、守规可奖"，用开放、公正的管理制度，促进企业凝聚力和向心力的形成。

（二）推动企业信息管理

要充分运用BIM、云技术等现代信息技术，加快企业管理信息化进程，通过推广运用工程造价咨询企业资源管理系统，帮助企业按照集成化、共享化、可控化、协同化的管理要求，实行数字化及精细化管理，有利于及时、准确、完整地传递、存储数据信息，加强数据分析能力，为企业进行科学、有效的管理决策提供依据，进一步提高管理效率。

（三）重视企业品牌培植

突破现行工程造价咨询企业服务同质化困境的有效途径之一就是寻求企业在

产品、服务、营销手段等方面的差异化发展。要结合企业自身优势,"以服务主导逻辑"来为客户提供专业化咨询服务,通过提升服务品质来强化客户对企业的认同,培养客户对企业的忠诚度,从而实现企业的品牌效应,增强不可替代性。

(四)建立学习型组织管理模式

学习型组织管理模式与传统管理模式的本质区别是强调以创新求效益、以知识为资本、以人的全面发展为目标。工程造价咨询作为一种知识服务活动,工程造价咨询企业要想在日趋激烈的行业竞争中占据优势,实现有序发展,必须逐步构建学习型工程造价咨询组织,通过企业自上而下建立共同的远景目标,拓展学习渠道,创新学习载体,探索学习形式,不断吸收国内外先进的咨询理念、管理经验,结合企业实际,大胆突破创新,提高综合竞争能力。

四、深化行业信息化建设

(一)研究建立工程造价信息标准体系

工程造价信息标准体系是工程造价信息化建设的关键。在原有基础上对工程造价信息数据进行标准化,尤其是针对造价标准、造价指数、项目特征类指标的数据标准,是推动工程造价信息化发展的基础条件;其次,要实现各类造价信息收集及处理方法的标准化,确保信息来源可靠,处理得当;最后要进一步制定造价信息交流和共享标准,让不同数据使用者能够进行数据的操作运算及分析,从而促进工程造价信息的共享与交流,从根本上解决工程造价数据库建设的障碍。

(二)围绕项目全过程管理开展信息化建设

工程造价管理信息化建设的实施要以项目全过程为主线,以造价管理为核心,以多方协同为基础,围绕估算、概算、预算、结算和过程控制多方面,使建设项目投资、进度、质量得到有效控制,确保建设项目目标的顺利实现,实现造价全过程管理从静态管理向动态、持续控制转化;从各阶段的割裂管理向造价全过程、全要素管理升级;从事后核算向事前控制、过程控制转化。

（三）不断深化 BIM 技术的应用

BIM 模型承载了工程项目各种相关信息，能够连接工程项目生命期不同阶段的数据、过程和资源，其可视化、参数化、数据化、可模拟化、可优化的特性让工程造价咨询管理更加高效和精益。因此，要不断深化 BIM 技术的应用，通过加快制定和颁布相应标准和规程，提高 BIM 技术应用水平，降低 BIM 技术应用成本。

（四）利用云技术完善数据管理系统

随着大数据时代的来临，如何让海量的造价数据进一步体现其价值，成为企业竞争的关键。工程造价咨询过程中需要收集、处理大量的数据信息并形成知识进行复用。如何提高处理效率，这对提供高性能的计算能力和低成本的海量数据存储能力产生了巨大的需求。因此，要积极探索云技术与信息化系统及软件的整合，基于"云"的服务平台、服务模式让项目参与方能够通过共享公有云及私有云，更自由地访问数据，更高效地处理数据，使得工程造价咨询过程更加便捷、集约、灵活和高效。

（五）将信息化管理向移动终端延伸

工程建设行业项目的分散性、人员的流动性、管理的离散性对信息化应用造成了很多障碍。随着 4G 网络、平板电脑、智能手机的不断发展，使得企业或个人利用移动终端设备进行日常工作和生产作业成为可能。工程造价咨询行业信息化建设要深刻意识到移动终端及物联网应用带来的无限可能，将信息化管理系统延展到移动终端上，实现工作的时效性需求和空间性需求，从而提高企业的运作效率及运作质量。

五、建立适应改革发展需要的人才培养新模式

（1）加强对高等院校工程造价专业学科建设的指导。高等院校作为行业未来人才的重要输出基地，要进一步深化专业教学改革，保证专业人才的培养质量。通过逐步强化学生在全过程造价控制与管理、前期投融资决策、风险管理、价值

管理、投资战略规划、信息化等多方面技能，开展高等院校工程造价专业创新大赛和技能大赛，引导学校积极开展应用型人才的培养，促进工程造价实践教学，保障毕业生基本执业能力，推动高校人才培养与未来执业发展的有效衔接。

（2）加强造价工程师继续教育。完善造价工程师继续教育管理办法，通过继续教育使工程造价专业人员掌握新的法律法规、职业规范等，更新知识结构，创新专业人员继续教育模式，形成多层次的继续教育体系，以适应专业发展需求。

（3）探索高层次人才培养机制，建立工程造价行业领军专业人才队伍。培育执业道德良好、专业素质过硬、熟悉工程造价咨询行业理论与实务、具有一定管理经验和创新意识的复合型人才成为专业领军人才。配合中国建设"走出去"的发展要求，有重点地培养适应国际工程造价管理业务的高端人才，参与国际工程造价咨询业务竞争。

第三节　行业发展展望

一、推进工程造价管理立法及制度建设

（1）积极推动工程造价管理相关法律的制修订工作。积极配合有关部门做好与工程造价咨询管理有关的《建筑法》、《建筑市场管理条例》等上位法的修订工作，明确工程造价咨询的相关制度和措施，启动《建设工程造价管理条例》的立法调研和起草工作，从根本上改变我国造价行业无法可依的尴尬局面。

（2）深化我国工程造价管理行政审批制度改革。按照国家统一要求，逐步下放行政管理权限，减少行政审批事项，简化行政审批流程，全面推广电子化的评审过程，进一步简化跨省承揽业务备案手续，清除地方和行业壁垒。

（3）优化造价工程师执业资格制度。研究提出造价员执业资格取消后的应对方案，通过完善造价工程师执业资格制度，调整和优化等级设置、免考条件、专业划分，优化工程造价咨询专业人才培养机制。

（4）建立工程造价纠纷调解制度。发挥工程造价管理机构在纠纷调解中的基础性、专业性优势，创新调节机制，加强行政调解和行业组织、仲裁等联动，

研究制定建设工程造价领域纠纷调解规则，开展纠纷调解工作，提高纠纷解决效率。

（5）完善工程造价咨询成果质量监督检查制度。为提高造价咨询企业的成果文件质量和服务水平，促进行业的健康发展，要积极推动咨询成果质量检查制度及配套文件的制定工作，实现各阶段计价文件的规范化，有依有据地开展成果质量检查工作，并将检查结果与企业信用综合评价结果挂钩，增强企业的重视程度，进一步推动该项制度的实施。

（6）落实工程造价咨询执业保险制度。执业保险制度的建立是工程造价咨询行业与国际接轨的必经之路，是行业自身发展的内在需求。因而要在前期充分调研的基础上，明确投保范围，明晰理赔责任与规则，规范合同基本事项，规定争议处理方式，以此保护委托方和工程造价咨询企业的利益，促进工程造价咨询市场和保险市场的共同繁荣，推动工程造价咨询业整体执业水平的提高。

二、加强诚信体系建设及行业自律

工程造价咨询行业诚信要通过政府、行业及社会三个层面联合推动，以构建工程造价咨询行业诚信体系。

（一）加大工程造价咨询企业政府监管力度

大力完善监管法律体系，研究制定工程造价咨询行业信用体系建设的指导意见，引导行业加强自律管理体系的建立，明确工程造价咨询企业诚信体系构建方案、实施步骤和行政主管部门、行业组织职责等，为全面实施信用体系建设提供政策依据。

充分利用现有网络资源，建立完善的征信管理体系，建立信息的查询、披露和使用制度，完善工程造价咨询企业和专业人员不良行为认定标准，积极开展以企业和从业人员执业行为以及执业质量为核心的信用评价工作。通过建立"黑名单"制度，探索在市场准入和日常监管中实施差异化管理；加强同相关部门和行业的信用奖惩联动，形成失信联防体系，全面推进工程造价咨询行业诚信体系建设。

（二）完善工程造价咨询企业行业自律体系

通过建立定期发布企业不良行为记录的制度，完善工程造价咨询企业行业自律体系，处罚有不良行为的工程造价咨询单位。工程造价咨询单位及其从业人员在合同履约过程中徇私舞弊、滥用职权或发生重大工程造价咨询服务失误的，由建设工程造价管理部门或行业协会利用工程造价信息网络等媒体予以公布并给予处分直至取消其资质或执业资格。

积极搭建工程造价咨询企业信用评价平台，完善工程造价咨询企业信用评价指标体系。依托信息化技术手段及大数据支持，获取单位及从业人员的履约记录、营业记录等情况，通过定性与定量分析相结合的办法，对企业及从业人员进行信用评价，并将结果予以公示，以促进工程造价咨询企业自觉遵守市场经济秩序，形成健康的行业氛围，培养从业人员的良好职业道德意识。

（三）搭建工程造价咨询企业社会监督平台

充分发挥社会监督的正向作用，建立社会监督员制度，搭建从委托方到大众传媒的社会监管渠道，形成完善的咨询企业诚信服务反馈机制，并及时依托大众传播媒介，将反馈信息告知广大公众，让公众了解行业动态、企业诚信状况，形成影响广泛的强大社会压力，在产生特殊监督制约效果的同时提升行业的认知度及社会影响力。

积极引入第三方评价机构，让具备社会监督功能的信用服务机构为工程建设咨询行业提供市场化、专业化、多样化的信用产品及服务，大力推动工程造价咨询企业诚信体系建设。

三、促进工程造价咨询业创新发展

创新是引导发展的第一动力，新常态下必须把创新摆在工程造价行业发展的核心位置，不断推进工程计价依据的理论创新、工程造价管理的制度创新和工程造价咨询的服务创新。拓展工程造价咨询业务范围，优化业务结构，在服务阶段、服务层次、服务领域等进行全方位的业务拓展，探索研究建筑物碳计量、信息工程计价等新业务的市场开发。注重项目前期投融资咨询、设计优化、PPP 和 EPC 等新型建设模式的专业服务，以信息技术创新推动行业转型升级，向工程咨询价值链高端延伸，运用 BIM、大数据、云技术等行业信息化先进技术提升服务价值。

（1）加大服务的实际覆盖力度，把造价咨询服务向工程建设的决策阶段以及设计阶段不断延伸，从而形成完整的咨询服务产品链。

（2）不断优化业务结构，积极开拓工程建设全过程造价控制以及项目管理服务等业务领域，提升相关咨询服务的技术含量。

（3）不断加大工程咨询相关产品的创新力度，把传统的造价咨询产品与相关咨询业务进行有机融合，形成具有特色的工程咨询服务产品体系。

（4）大力依托金融企业的强大优势，实现造价咨询服务与金融服务的深度融合，拓展咨询服务与咨询产品的范围，提升行业的综合竞争力。

四、打造行业领军品牌企业

推动大型造价咨询企业做大做强，引导中小企业做专做精，形成业务领域各有侧重、市场定位各有特色、业务竞争公平有序的合理布局。鼓励工程造价咨询企业采取优化重组、强强联合、战略联盟等形式实施品牌战略，着力培育 100 家可承担以造价管理为核心综合工程顾问业务、产值过亿元的大中型企业。

五、全面推进工程造价咨询国际化战略

积极开展国际工程项目管理咨询模式研究，研究建立企业国外投资的风险控制机制，健全合同管理、风险评估和控制制度，对工程造价咨询企业国际化发展给予政策引导和支持。以项目、资金、技术"走出去"为发展契机，鼓励企业开拓国际市场，重点扶持 10 家左右大型企业走出去，探索通过新设、收购、合并、合作等公司运作方式参与国际咨询业务，增强我国造价咨询行业的国际地位。

六、扩大行业对外交流与合作

充分利用国际平台，积极参加国际工程造价联合会（ICEC）世界大会、亚太区工料测量师协会（PAQS）年会、国际成本工程师（AACE）年会等国际会议，

切实履行国际工程造价相关组织的会员义务，积极参与国际规则和标准的制定，在国际化大背景下，尽快熟悉国际工程计价方式，针对行业前沿问题进行多层次的国际学术交流，为我国工程造价咨询企业走出去创造有利的国际环境。

七、重视行业党建和文化建设

（1）加强党对造价咨询行业的正确引导。行业协会要进一步引导企业采取单独组建、区域联建、行业统建等方式建立党组织，加快推进党的组织和工作覆盖面，以党建促业务，以业务促党建，把党建工作的触角深入企业前沿和底层，开创非公有制企业党建工作新局面。

（2）以党建带动行业执业环境的改善。要以推进行业廉政建设为切入点，认真贯彻落实中央八项规定精神，认真贯彻《中国共产党廉洁自律准则》、《纪律处分条例》，发挥党员的先进性及模范带头作用，促进行业规范执业、诚信经营、廉洁守法，营造良好的行业执业环境。

（3）以党建引领行业文化建设。新形势下，文化建设与行业党建工作不是孤立的，而是相辅相成的，只有两者互为支撑、互为配合、互为依存才能有效推动行业整体的可持续发展。企业要积极探索党建与文化的结合，开展特色文化建设活动，打造务实、创新、诚信的行业文化。

第七章

工程造价咨询职业保险制度建设专题报告

一、建立工程造价咨询职业保险制度的必要性和可行性

(一) 必要性

1. 有利于工程造价咨询业与国际惯例接轨

工程造价咨询企业投保职业责任保险是参与国际咨询项目投标的前提条件，建立工程造价咨询职业保险制度有利于我国工程造价咨询业与国际惯例接轨，自觉融入国际工程咨询服务市场。

2. 有利于拓宽工程造价咨询业的服务领域

随着全过程造价咨询的推广，行业业务纠纷呈上升趋势。工程造价咨询职业保险制度的建立能为工程造价咨询企业承接新型、复杂咨询服务提供赔偿保障，有利于行业企业的业务创新。

3. 有利于强化工程造价咨询业的风险管理

通过建立工程造价咨询职业保险制度，可以借助保险公司的风险管理手段，动态监管工程造价咨询企业风险，提高工程造价咨询执业质量。

4. 有利于完善监督和约束机制，强化激励机制，健全清出制度

利用动态费率原则，保险公司为了降低自身经营风险会对工程造价咨询企业的执业过程进行监督。执业情况好的公司保费低，会在潜移默化中对工程造价咨询业形成一种激励机制；当执业情况持续处于不良评价中，保险公司会拒绝承保，由此可以构建工程造价咨询企业执业过程中不良行为企业的清出制度。

（二）可行性

1. 政策及法律环境可行性分析

我国《合同法》规定技术咨询合同的受托人未按期提出咨询报告或者提出的咨询报告不符合约定的，应当承担减收或者免收报酬等违约责任。因此，无论从法律法规层面还是部门规章层面均已明确造价工程师的执业责任赔偿制度，这为委托方追究工程造价咨询企业责任，要求工程造价咨询企业进行经济赔偿提供了有力的法律保障，同时也加大了工程造价咨询企业的执业风险，为工程造价咨询职业责任保险提供了需求主体。

工程设计、工程监理责任保险的开发及试点运行为工程造价咨询责任保险的开发奠定了坚实的政策基础，营造了良好的法律氛围。同时，工程造价咨询职业责任保险的相关法律政策、责任条款的制定可以充分借鉴工程设计职业责任保险和工程监理职业责任保险制度。

2. 技术环境可行性分析

保险险种的设计是以大数据原则为基础，大数据的收集、分析成为险种开发的主要任务之一。而统计软件的日益更新和不断优化以及"互联网＋"的产生运用为大数据的统计分析及风险统计提供了便捷的操作工具。

费率的合理厘定是险种开发的一个核心内容。近年来，我国精算事业蓬勃发展。精算人数迅猛增长，精算手段也在不断创新，这为新险种的设计开发提供了很好的人力和技术保障。

3. 经济环境可行性分析

保险业收入的不断增长为新险种的开发设计提供了良好的经济基础。而工程造价咨询行业收入的增长保证了新险种的购买力。保险公司偿付能力的进一步规范和提高为新险种实现"主动、迅速、准确、合理"的理赔服务提供了有利的资金保障和技术支持。

4. 可保性分析

目前，我国工程造价咨询企业和注册造价工程师人数对开办保险业务来说，数量上已经足够大（标的足够）；在未来几年，借助互联网和大数据的优势，伴随着建筑市场和咨询行业的发展，取得工程造价咨询人员职业责任风险损失经验数据完全成为可能（损失概率分布可以确定）；且随着造价软件的不断优化，造价人员出现失误的概率很小且可以通过经验积累、专业培训等有效避免（损失具有偶然性并可控制）；造价人员的工作失误大多会造成计量和工程费用有所偏差，完全可以用金额衡量（损失可以计量）。同时，保险市场的日益成熟为工程造价咨询责任保险提供了实施基础及条件。

二、工程造价咨询职业风险转移方式的选择

（一）工程造价咨询职业风险基金的建立

1. 工程造价咨询职业风险基金的出资问题

注册造价工程师必须受聘于一个工程造价咨询企业或者工程建设领域的建设、勘察设计、施工等单位，不得以个人名义执业。且因咨询人原因造成的经济损失，委托人可以向工程造价咨询企业主张权益。因此，工程造价咨询职业风险基金的出资人应该是工程造价咨询企业，工程造价咨询企业可以通过扣除奖金等方式惩罚经常出现执业失误的造价人员，并将惩罚收入作为下一年度的职业风险基金。

2. 工程造价咨询职业风险基金提取金额的上限问题

职业风险基金是一种风险赔偿准备金，具有很大的不确定性；提取的风险基金越高，可供注册造价工程师和企业自身分配的就越少。在当前注册造价工程师收入不高、行业收益与风险严重不对称的情况下，不利于调动行业的积极性，因此，职业风险基金应允许累计并实行封顶制，具体金额应结合责任风险情况和企业咨询业务收入等因素来确定。

3. 工程造价咨询职业风险基金提取比例问题

工程造价咨询企业规模、收入、业务类型、从业人员资格以及企业资质等级不同等造成企业职业风险不同，按照统一固定比例提取职业风险基金不符合高风险高收益的原则。因此可采用差别比率超额递减提取工程造价咨询企业职业风险基金。具体比例可参考会计事务所职业风险基金提取比例实行超额递减的方法，

见表7-1。该职业风险基金的提取金额＝业务收入提取比例＋速算加数。

职业风险基金计提比例表　　　　　　　　　　　　　　　表7-1

咨询业务收入（万元）	提取比例（%）	速算加数（万元）
0～50（含）	10	0
50（不含）～200（含）	8	1
200（不含）～1000（含）	6	5
1000（不含）以上	4	25

4. 工程造价咨询职业风险基金使用、清算以及与所得税的关系问题

工程造价咨询职业风险基金只能用于执业活动造成的债务，包括"因职业责任引起的民事赔偿"和"与民事赔偿相关的律师费、诉讼费等法律费用"等。

在咨询企业合并、终止清算时按照所提取的职业风险基金留存一定比例继续投保留存若干年，作为期后保险，并可上缴给地方行业协会代为管理，期满后返还给工程造价咨询企业作为原企业出资人的一项收益。

为了保证工程造价咨询企业之间实际计提的公平和职业风险基金的足量提取，工程造价咨询职业风险基金可以参照公益基金的做法，即税后提取一定比例职业风险基金。

（二）工程造价咨询职业责任保险的开发

1. 保险标的

年度保险是以工程造价咨询公司中的工程造价人员在一年内完成的全部工程项目造价可能发生的对委托人及其利害相关人的赔偿责任作为保险标的的责任保险。

单项（多项）工程保险是以工程造价咨询公司中的工程造价人员完成的一项（多项）工程项目造价可能发生的对委托人及其利害相关人的赔偿责任作为保险标的的责任保险。

2. 相关者利益分析

保险公司：减少赔付；

工程造价咨询企业：减少并转移执业风险；

委托人及其利害关系人：控制损失，索赔损失。

3. 保险责任

自保险单列明的保险追溯期开始，至保险期限终止为止期间内，被保险人在承办造价咨询业务过程中，因过失造成委托人经济损失的，负责在约定的限额内赔偿依法应由被保险人承担的经济赔偿责任。

4. 赔偿限额

由于每个咨询企业承接的咨询项目不同，项目复杂程度、项目投资额、项目成本、咨询企业执业水平、资质等级、收取咨询费用以及咨询过失发生的概率、可能造成的咨询损失等均不相同，因此具体每个咨询企业咨询损失赔偿限额及累计损失赔偿限额、诉讼赔偿额及累计诉讼赔偿限额各不相同，应由投保人及保险人结合具体情境协商确定，并在投保合同中载明。

5. 免赔额

每个咨询项目的风险大小不同，各个造价咨询企业的投保费率收取不同，因此工程造价咨询责任保险的免赔额可以结合工程造价咨询企业资质和缴费能力按照每次损失赔偿金额的某一比例取定，但具体比例应由投保人与保险人根据具体情况商定，并在保险合同中写明。

6. 保险费

保险公司根据工程造价咨询企业近几年年业务收入情况及已签署咨询合同的执行情况，预测工程造价咨询企业年业务收入，结合该工程造价咨询企业商定的累计赔偿限额以及工程造价咨询企业执业风险情况预收保险费，由工程造价咨询企业缴纳保险费。由于工程造价咨询企业年业务收入具有可变性，因此，在临近保险合同期满之时（具体日期可有保险公司和投保工程造价咨询公司协商确定），保险公司应允许工程造价咨询企业申报实际年业务收入，保险公司根据工程造价咨询企业实际年业务收入调整应收保险费，预收多退少补。

（三）工程造价咨询职业风险基金与职业责任保险的方案选择

工程造价咨询职业风险基金从性质来讲属于业内自保，风险基金的管理模式较为复杂，国家对风险基金筹集机构亦未作出明确规定，社会对于风险基金筹集机构往往持怀疑态度。工程造价咨询职业责任保险从性质上来讲是运用大数法则将咨询行业风险通过缴纳保费转移给保险行业，属于金融服务业。而且保险行业的发展和建设受到《保险法》等法律法规的制约，从业过程十分规范。经过长期发展，保险业已相当成熟，完全有能力开发设计工程造价咨询职业责任保险。因此，职业责任保险应作为转移职业风险的优先选择。但是作为职业责任保险的雏形，设立职业风险基金可能是工程造价咨询职业责任保险制度从无到有的过渡手段，从某种程度上可以转移一部分责任风险。因此，在保险制度建设的谈判初期或工程造价咨询职业责任保险制度未成功建立的情况下，为了转移职业风险，建立工程造价咨询职业风险基金不失为一个可行的现实选择。

（四）工程造价咨询职业责任保险费率研究

1. 工程造价咨询职业责任保险费率的组成

工程造价咨询职业责任保险费率 = 基准费率综合调整系数 + 附加费率

式中：基准费率一般由行业协会确定；

综合调整系数一般根据企业收入、资质等市场因素确定；

附加费率一般由保险公司管理费等因素确定。

2. 工程造价咨询职业责任保险基础费率的确定

（1）基准费率的确定

工程设计、工程监理与工程造价咨询业同属于建筑行业，但是工程监理为建筑业提供的是无形的监督服务，工程设计和工程造价咨询都是提供一种可以看得见产品的中介服务。因而，在工作成果形式上，工程设计与工程造价咨询更为接近。同时，工程造价咨询业俗称建筑业的会计师，其风险损失类似。借鉴工程设计责任保险费率（1.2%）和注册会计师责任保险费率（1.4%），结合高风险高费率的原则，确定工程造价咨询职业责任保险的基准费率为1.4%。

（2）基础保险费率的确定

基础保险费率是在工程造价咨询职业风险识别、评估的基础上，计算工程造价咨询各项咨询业务的风险度 W 值，从而确定不同咨询业务的基础保险费率。分析过程如下：

1）风险因素识别与分析

按照全过程造价咨询阶段划分，将工程造价咨询业务归纳为投资估算编制、设计概算编制、施工图预算编制、招标文件编制、投标文件编制、工程计量和合同价款结算、竣工结算、竣工决算、造价审计以及工程造价鉴定 10 项，将各咨询业务进行分解，得到工作分解图。通过发放并回收调查问卷，重点收集 10 项咨询业务中各风险事件的发生概率和影响程度，建立各项咨询业务的风险分析矩阵并归纳、提取工程造价咨询职业风险因素。

2）风险因素评估

采用德尔菲法，选定一批该领域相关专家及熟练的造价工程师，制定风险因素发生概率和影响程度的量化标准，将概率等级（P）分为多、较多、中、较少、少五级，影响程度（I）分为大、较大、中、较小、小五级，依次得分为 5、4、3、2、1。利用概率法中风险度量公式 $R=P \cdot I$，计算 10 项咨询业务中每个风险因素的风险度值 R。

3）工程造价咨询业务风险度 W 值的确定

在综合计算每项咨询业务的风险度时，考虑到调查企业性质、类型、资质等级等因素，根据专家意见，将企业性质、类型、资质等级等因素分别赋予相应权重，根据相关公式计算工程计量和合同价款结算、工程造价鉴定、竣工决算编制、投标报价编制、设计概算、工程造价审计、投资估算编制、施工图预算以及招标文件编制的 W 值依次为 4.19、3.8、3.58、3.5、3.46、3.27、3.23、3.12、3.12 和 2.96。

4）工程造价咨询职业责任保险基础费率表的确定

根据新险种保险费率相对较高的原则，选取风险度最低的业务作为基准费率，即投标文件编制的业务保险费率为 1.4%，并按照各项业务的风险度与费率成正比的原则计算出其余各项业务的保险费率。工程造价咨询职业责任保险基础费率见表 7-2。

工程造价咨询职业责任保险基础费率表　　　　　　　　　表7-2

序号	工程造价咨询业务	基础费率 r
1	工程计量与合同价款结算	1.98%
2	工程造价鉴定	1.80%
3	竣工决算编制	1.69%
4	投标报价编制	1.65%
5	竣工结算编制	1.63%
6	设计概算	1.55%
7	工程造价审计	1.53%
8	投资估算编制	1.47%
9	施工图预算	1.47%
10	招标文件编制	1.4%

3.调整系数的确定

工程造价咨询企业的执业环境影响着从业人员的职业水准。借鉴美国开展工程造价咨询职业责任保险的大型保险公司调查结果，参考我国工程设计、工程监理责任保险费率的厘定方式，结果我国工程造价咨询行业特点，筛选企业年业务收入、社会信用评价及索赔经历、企业资质、项目类型、企业经验以及地域6个因素作为我国工程造价咨询职业责任保险的主要调整系数，调整系数计算结果见表7-3～表7-8。

年业务收入调整系数（万元）　　　　　　　　　表7-3

咨询业务	A	B	C	D	E	F
投资估算	10以下	10～50	50～100	100～150	150～200	200以上
设计概算	10以下	10～50	50～100	100～150	150～200	200以上
施工图预算	30以下	30～60	60～120	120～240	240～500	500以上
工程量清单编制	30以下	30～60	60～120	120～240	240～500	500以上
招标控制价编制	30以下	30～60	60～120	120～240	240～500	500以上
投标报价编制	50以下	50～100	100～200	200～500	500～1000	1000以上

续表

咨询业务	A	B	C	D	E	F
工程计量与合同价款结算	50 以下	50～100	100～200	200～500	500～1000	1000 以上
竣工结算编制	50 以下	50～100	100～200	200～500	500～1000	1000 以上
竣工决算编制	50 以下	50～100	100～200	200～500	500～1000	1000 以上
工程造价审计	50 以下	50～100	100～200	200～500	500～1000	1000 以上
工程造价鉴定	50 以下	50～100	100～200	200～500	500～1000	1000 以上
调整系数 r_1	1.15	1.10	1.05	1.00	0.95	0.90

注：每个区间包含上限不包含下限，如 10 万～50 万元，包含 50 万元，不包含 10 万元。

社会信用评价及索赔经历调整系数　　　　表7-4

社会信用评价	低	较低	中等	较高	高
索赔经历	多	较多	中等	较少	少
调整系数 r_2	1.1	1.05	1	0.95	0.9

资质等级调整系数　　　　表7-5

资质等级划分	甲级	暂定甲级	乙级	暂定乙级
调整系数 r_3	0.95	1	1.05	1.1

项目类型调整系数　　　　表7-6

项目类型	低风险项目	较低风险项目	中等风险项目	较高风险项目	高风险项目
调整系数 r_4	0.92	0.96	1	1.04	1.08

企业经验调整系数　　　　表7-7

企业经验	多	一般	少
调整系数 r_5	0.95	1.00	1.05

地域调整系数　　　　表7-8

企业所在地	本地投保	异地投保
调整系数 r_6	1	1.05

综上，工程造价咨询职业责任保险的调整系数 = $r_1 \cdot r_2 \cdot r_3 \cdot r_4 \cdot r_5 \cdot r_6$

三、工程造价咨询职业保险制度的构建及实施建议

（一）建立工程造价咨询企业绩效评价与动态费率的对接制度

为了体现费率制定的合理性、稳定灵活及促进防损的原则，激励工程造价咨询企业提高自身执业能力，工程造价咨询职业责任保险费率在基础费率或经验费率的基础上，应允许针对不同的投保企业根据实际执业能力及风险大小上下浮动，即采用动态费率收取保费。尤其是对于在保险期内未出险的企业应允许保费累积或存续，只交一定管理费用即可。因此，为了确保动态费率的实施，亟需建立工程造价咨询企业绩效评价指标与保险动态费率的对接制度。

借鉴我国车险费率最优无赔偿优待系统实施制度，选择工程造价咨询企业前期保险期内出险的频次、赔偿金额以及委托人的满意度、投诉率、企业资质与信誉度、相关法律法规及行业规范执行力度、咨询收入、承接业务类型等指标评价工程造价咨询企业的执业能力和风险大小，作为下个保险期内该企业费率上下浮动的参考指标。工程造价咨询企业绩效评价体系与动态费率的对接一方面可以借助保险市场和平台实现工程造价咨询行业的过程监管，完善清出制度；另一方面有助于被保险人缴纳的风险保费与其真实的风险水平相适应。

现阶段我国工程造价咨询行业数据零散，信息孤岛现象严重，极大阻碍了保险公司对工程造价咨询企业的风险评估。随着云计算、互联网以及大数据平台的发展起步，信息交互平台的建立已经成为可能。参考车险数据平台，构建适合工程造价咨询行业跨地区的信息交互平台，用以公布或查询工程造价咨询企业的出险赔偿、出险次数、服务满意度、投诉率、相关法律法规及行业规范执行力度、咨询收入、承接业务类型等绩效评价指标信息。信息交互平台的构建，有利于保险企业掌握工程造价咨询企业执业风险，制定合理保险费率；也有利于避免工程造价咨询企业频繁变更保险公司逃避高的浮动费率的现象。

（二）建立工程造价咨询行业风险与保险赔偿对接制度

现阶段，虽然有《建设工程造价咨询成果文件质量标准》具体规范了工程造价咨询成果文件的格式、工作深度和质量标准；《注册造价工程师管理办法》、

《合同法》等法律法规和部门规章明确规定了注册造价工程师或受委托人对自己形成的成果文件质量应承担相应的法律责任。但是，这些标准规范和法律法规及部门规章并没有对造价人员或者工程造价咨询企业的具体责任认定及过错推定作出明确规定，这使得造价人员过失责任无法得到真正认定。根据目前我国的民事责任归责原则（过错责任原则、无过错责任原则、公平责任原则），结合工程造价咨询服务高度的专业性，确定工程造价咨询职业责任的归责原则为过错推定原则。

我国《合同法》明确规定技术咨询合同的受托人未按期提出咨询报告或者提出的咨询报告不符合约定的，应当承担减收或者免收报酬等违约责任，但是对过失损失程度与工程造价咨询企业承担违约责任的大小未作出具体规定，使得索赔缺乏直接的法律支撑。同时，也没有具体的法律法规明确保险公司对于投保的工程造价咨询企业的承保范围，这可能使得工程造价咨询过失的赔偿与保险公司的理赔能力脱节。

为实现工程造价咨询行业风险与保险赔偿制度的对接，应完成以下工作：

(1) 确认"过错推定原则"为工程造价咨询职业责任保险的归责原则，并制定过错的评定标准；

(2) 研究制定工程造价咨询行业过错的赔偿制度。

(三) 定向选择专业保险公司负责实施工程造价咨询职业责任保险的承保

国内的工程造价咨询业处于发展阶段，产业规模还有待扩大。因此，工程造价咨询职业责任保险的市场规模特别是在起步阶段也不会很大。为了激励保险公司积极推出该保险险种，确保价格上的正当竞争和保险赔偿基金的积累，避免工程造价咨询企业频繁变更保险公司，造成追溯期（宽限期）甚至是保险作用的丧失，可由相关政府部门、行业协会与保险公司充分协商，采用谈判或公开招标的方式选择几个专业保险公司专门承保工程造价咨询职业责任保险。

为避免专业承保的保险公司垄断市场，故意抬高工程造价咨询保险费率，相关部门应组织资信评估机构对专业承保公司进行评级，重点围绕保险公司信誉，包括从业人员的专业技术能力、履约情况、工程造价咨询职业责任保险市场业务量占有率、投保人满意度等进行评价。当某一专业承保公司信誉较低时，相关政府部门、行业协会可以取消该公司的承保资质，重新谈判或公开招标承保公司。另一方面保险协会加强对承保的保险公司的监管，尤其是加强对工程造价咨询职业责任保险费率和理赔质量的监督，激励承保公司提供优质的专业服务。

第八章

建设工程造价管理立法制度建设专题报告

价格是商品价值的货币表现，工程造价是建筑工程产品价格的表现形式，也是建筑工程产品价值的货币表现。市场经济体制下，建筑工程作为一种特殊化的商品，其价格通过市场竞争来形成和确定。建设工程造价管理的核心问题在于，如何在政府"有形之手"调控和市场"无形之手"调节的共同作用下，通过合理、科学的方法和路径，公平、公正地确定建筑产品的价格，并为交易双方所认可和接受。

从国内外建设工程造价管理的探索和实践来看，立法是政府在建设工程造价调控中，最为有效、最为根本的"有形之手"。政府调控和市场机制有序运行的前提是有健全工程造价管理法律制度。由于我国尚未针对建设工程造价管理进行专门立法，在国家层面上法律制度主要为部门规章或者规范性文件，效力层级有限。总体上看，我国建设工程造价管理的法律法规立法滞后，离健全完备的法律法规体系还有较大的距离。

一、我国建设工程造价管理的立法现状

广义上国家关于建设工程造价管理的立法，包括法律、行政法规、部门规章、国家标准和规范性文件。

（一）法律和行政法规立法

我国尚未就建设工程造价制定专门的法律和行政法规，仅有个别法律的部分条款略有涉及建设工程造价有关内容，比如《建筑法》、《招标投标法》、《合同法》、

中国工程造价咨询行业发展报告（2016版）

《价格法》和《政府采购法》等。《建筑法》第十八条规定，建筑工程造价应当按照国家有关规定，由发包单位与承包单位在合同中约定，发包单位应当按照合同规定支付工程价款。《招标投标法》第三十三条规定，投标人不得以低于成本的报价竞标。《合同法》第十六章专门对建设工程合同进行了规定，规范了工程勘察、设计、施工合同的订立、履行等程序。《价格法》是调整价格行为的一般规定，并未直接涉及建设工程的价格。《政府采购法》关于政府采购工程的规定，涵盖建筑物和构筑物的新建、扩建、装修、拆除、修缮等。涉及建设工程造价管理的行政法规，主要包括《建设工程质量管理条例》、《建设工程勘察设计管理条例》、《招标投标法实施条例》等。《建设工程质量管理条例》第十条规定，建设工程发包单位，不得迫使承包方低于成本价竞标。《建设工程勘察设计管理条例》提出，建设工程勘察设计应符合经济效益、社会效益和环境效益相统一的原则。《招标投标法实施条例》对建设工程的招标管理提出明确要求。

（二）部门规章立法

目前住建部专门调整工程造价领域的部门规章有《建设工程施工发包与承包计价管理办法》、《工程造价咨询企业管理办法》、《造价工程师注册管理办法》，涵盖了造价行为、造价咨询企业和造价工程师管理。《建筑工程施工发包与承包计价管理办法》于2001年发布，2013年修订，主要内容有：完善工程量清单制度，巩固建筑工程计价模式改革成果；推广工程造价咨询制度，对建筑工程项目实行全过程造价管理；建立健全最高投标限价制度；完善合同价款制度，规范价款调整行为等。《工程造价咨询企业管理办法》于2006年发布，规范了工程造价企业资质标准。《造价工程师注册管理办法》发布于2007年，规范了造价工程师的注册及其执业行为。

（三）地方政府规章和地方性法规立法

目前有23个省级行政区域开展了建设工程造价管理地方立法，其中，省级地方政府规章19部，省级地方性法规4部。具体而言，制定省级地方政府规章的省份有：福建、广东、广西、海南、河北、黑龙江、湖北、湖南、吉林、江苏、辽宁、内蒙古、青海、山东、山西、陕西、新疆、浙江、重庆等19个省份；制定省级地方性法规的省份有：安徽、甘肃、宁夏、云南4个省份。这些省份在缺乏国家统一立法的情况下，做了大量有益尝试和探索，积累了大量实践经验，一些实践制度具有相当的前瞻性。

（四）国家标准

按照《标准化法》和《标准化法实施条例》有关规定，国家标准分为强制性标准和推荐性标准，强制性标准必须执行，推荐性标准鼓励自愿采用。目前关于工程造价国家标准主要是《建设工程工程量清单计价规范》，于2003年发布，2008年、2013年两次进行修订。《建设工程工程量清单计价规范》规范了工程量清单编制和招标控制价、投标报价、合同价款约定，以及工程计量与价款支付、工程价款调整等内容。建设工程造价相关的国家标准，特别是标准中的强制性条文规定，虽然并不等同于立法，但本质是建设工程造价管理的"技术性法规"，必须遵照执行。

（五）规范性文件

国务院有关部委为了规范工程造价活动，向社会公开发布的具有普遍约束力的规范性文件，比如《建设工程价款结算暂行办法》（财建[2004]369号）、《住房城乡建设部关于进一步推进工程造价管理改革的指导意见》（建标[2014]142号）等，其效力层级虽然低于法律、行政法规、部门规章和国家标准，但是只要不违反上位法有关规定，在工程造价活动中应当予以遵照执行。

二、我国建设工程造价立法存在的问题

从立法层级角度看，我国目前关于建设工程造价管理的规定散落在不同层次的法律规范性文件之中。通过对我国建设工程造价管理立法的现状分析，建设工程造价管理立法存在的问题有以下几个方面。

（一）工程造价管理的专门立法迟滞

虽然我国颁布了大量的与工程造价有关的法律法规，但是尚未对工程造价问

题出台统一的法律法规，对工程造价改革方向、监管体制等重要事项还没有统一的法律制度。《建筑法》等相关的法律和行政法规，只是间接或是原则性涉及工程造价，缺少一部直接规范政府监管职责，造价法律关系主体、客体、内容的界定，以及造价管理机构的定位、造价全过程造价管理的上位法。由于没有统一立法，"建设工程造价管理"一词本身的法律概念的内涵与外延并不明确，不统一，使得法律之间的相互衔接和协调不够。

（二）行业协会地位和作用缺乏法律保障

我国工程造价的行业协会是中国建设工程造价管理协会（以下简称"中价协"），该协会主要负责对造价咨询企业资质进行管理，组织专业考试，选拔工程造价咨询行业从业人员，制定从业人员行为准则，对造价员进行继续教育等工作；同时协会还负责颁发建设工程造价鉴定、建设工程招标控制价编审、建设项目工程结算编审、建设项目设计概算编审、建设项目投资估算编审等方面的规程，建设工程造价咨询成果文件质量标准等行业标准；工程造价咨询所必须的材料价格、人工单价、清单指标等数据标准也是行业协会负责汇集整理和公布的，为造价咨询行业提供了指引和标准。中价协作为行业协会，其自治机制和行业自律功能的发挥，前提在于有立法确认其性质、法律地位，并授予相应的自治权等，从而为规范协会行使自治权提供制度基础。但是矛盾之处在于，现有法律、行政法规均未确认其性质、法律地位，遑论授予相应的自治权了，行业协会在工程造价管理中还面临着一定的法律障碍。

1. 中价协的法律地位还没有法律保障

当前我国缺乏相关的法律规范以明确规定中价协的性质、地位、职能、权利义务等，使得中价协在实际运作中缺乏法律依据，法律地位模糊，其自治权的独立有效行使难以得到保障。目前，唯一与行业协会有关的专门法规，是国务院1998年颁布的《社会团体登记管理条例》。《社会团体登记管理条例》作为规范行业协会的主要法规，不仅立法层次低，而且其内容也已无法适应行业协会自治的要求，与社团管理相关的其他规定只是零散地分布于各部委规章或者其他有关政策文件中。比如，住建部制定的《建筑工程发包与承包计价管理办法》规定，承包方对发包方提出的工程造价咨询企业竣工结算审核意见有异议的,在接到该审核意见后一个月内,可以向有关行业组织申请调解。这仅仅从侧面明确了中价协的地位。但由于目前我国建设工程造价管理领域缺乏一部统一的、专门的法律,更没有专门的法律条款对中价协的性质、地位、职能、权利义务等予以明确规定。

2. 中价协的职能边界没有法律界定

不但行业协会的自治权和行业自律缺乏法律保障,而且行业协会的职能界定及其职能边界也没有法律依据,行业协会与政府分离不彻底。在理论上,中价协与政府部门之间的关系应为相互独立、互不隶属、分工明确、相互制约的"平等-合作"关系。然而,现实情况却是,中价协也未摆脱我国行业协会普遍存在的问题,即行业协会性质错位,成为其业务主管部门的附属物,独立性、自主性差。虽然中价协是由工程造价咨询企业、工程造价管理单位、注册造价工程师及工程造价领域的资深专家、学者自愿结成的行业性的全国性的非营利性的社会组织,而非政府机构改革而来,但由于中价协的大部分业务属于接受政府部门的委托或授权而实施的相关工作,以执行政府的行业管理为主,且政府部门与行业协会的职能在法律上没有明确界定,中价协很多工作还是服务和服从于政府主管部门的行业监管。

3. 行业自律机制缺乏法律效力

行业协会在本质上是自治和自律管理的,自治权是行业协会实现其价值和功能重要手段,其中惩罚权和争端解决权是协会自治权的重要内容。然而,目前行业协会自律机制还缺乏必要的法律手段,其权威性、严肃性和威慑力还不够。一方面,行业协会的惩罚权和争端解决权不具有法律上的强制力,其执行效果会受到一定影响;另一方面,中价协在其章程中并未详细规定惩罚权和争端解决权。由于目前我国没有对工程造价管理进行专门立法,故对违法行为的法律制裁手段也相对欠缺,行业自律的制裁手段也没有法律的直接依据,执行效果会受到一定影响。关于争端解决权,中价协在其协会章程中也未规定有关的争端解决规则,当政府与会员、会员之间发生纠纷时,缺乏高效、专业、低成本的争端解决机制。

总之,由于缺乏上位法对中价协的性质、法律地位、自治权内容和边界等作出相应规范,行业自律的制裁手段也没有法律的直接依据,致使行业协会在工程造价管理中还面临着一定的法律障碍，对会员单位和个人的违法行为惩处力度不够，行业协会的作用和功能还没有充分发挥出来。在我国当前政府简政放权，建设服务型政府的改革大环境下，只有国家通过统一立法，加强顶层设计，才能从根本上厘清行业协会和政府部门关系，明确政府管理边界，让行业协会充分发挥其职能，为行业协会积极发挥作用提供法律和制度的保障。

（三）现有的工程造价规范层级较低

目前建设工程造价的主要法律依据体现为部门规章，地方性法规规章以及难以称之为法律法规的规范性文件。国务院不同部门制定工程造价管理的规章多而杂，甚至存在不协调、不衔接的规定，比如，住房和城乡建设部发布的《工程造价咨询企业管理办法》中，明确规定了建设主管部门负责全国工程造价咨询企业的监督管理工作，但实践中，国务院很多部门都对涉及其管理范围内的工程造价活动进行管理，各个部门也都出台了一些相应的部门规章，各自为阵，互不衔接。大多数工程造价规范体现在国家标准和规范性文件，法律层级相对较低，内容分散而彼此不衔接，严重缺乏权威性和严肃性。一些工程造价制度的推进、引导和规范，甚至不得不依靠行政手段来完成。

（四）造价管理配套法律体系不完善

造价管理的上位法是"树干"，相关的配套制度是"树叶"，"树干"和"树叶"共同构成完备的法律体系。造价管理立法不但缺乏必要的"树干"，也缺乏必要的"树叶"。比如，缺乏工程造价信息大数据分析共享的配套机制，工程造价信息孤立分散，无法互联互通共享，信息碎片化、孤岛化严重。互联网+、大数据、云计算的时代已经到来，但相应的配套制度却未能跟上。此外，地方相配套的立法也不够完善。由于各地实际情况差异性和出台背景各不相同，这些地方立法的系统性和完整性还有不足，相互之间缺少内在的必要协调和有效衔接。地方立法效力局限于特定行政区域范围内，不能形成全国范围内统一的约束力，同时也因缺乏法律法规层面的上位法指导，调整尺度不一。有些地方立法或多或少还存在着地方保护主义倾向，有的地方以各种形式收取保证金和服务费，加重了企业负担；有的地方限制外来工程咨询企业进入。

（五）缺乏有力的法律监督和执法机制

由于缺少上位法的顶层设计，工程造价管理体制、监管体制不健全、不完善，存在监管部门职责不清、各部门之间条块分割严重、职责交叉重叠的现象，导致政府干预、市场调解、行业自律多种调节手段相互交织、相互牵制，难以形成监管合力，存在一些领域监管过度（监管越位）与一些领域监管缺失（监管缺位）相并存的情况。由于没有严格和有效的执法手段，以国务院及相关部门规章为主的法律形式，在地方执行时往往打折扣，甚至变相突破规定，形成"上有政策，下有对策"的局面，难以达到规范工程造价行为的目的。

三、国外建设工程造价管理立法经验

虽然美、日、英等发达国家在法律法规体系、管理机构、行业协会作用、造价管理制度以及市场准入管理方面都与我国存在一定差异，但其成熟的管理制度和立法经验可以为我国立法提供可资借鉴的经验。

（一）完备的法律体系是规范工程造价管理的前提

尽管发达国家很少有专门针对造价管理的法律，但是通过健全的建设法律法规体系，并辅以良好的运行机制实现了对建设工程造价的规范管理。政府对造价管理的管理制度，有明确的法律规定，法律层次关系分明，相互关联、互为补充。法律的内容侧重于对政府机构、社会团体、行业协会或学会的组织、职能、权利、义务等的规定以及对基本建设程序的确定。

（二）政府适当监管是促进工程造价管理良性发展的保证

发达国家对建设工程造价以间接管理为主。政府的主要工作之一就是制定行业发展政策，组织制定相关的法律法规，通过规范市场机制约束建筑业管理行为，政府对工程造价行业具体活动的管理主要委托给行业协会等组织开展；我国则以直接管理为主，工作重点不突出，将一些本属于行业协会的工作也纳入政府的工作范围来。

(三) 行业协会的发展是工程造价管理的组织保障

发达国家行业协会和学会对工程造价管理起着举足轻重的作用。行业协会不但直接参与行业管理，推动行业自律，制定行业规范，有的行业协会还直接参与工程造价有关立法工作。这些国家造价方面的行业协会，在立法技术、立法人员、理论储备等方面都有非常强的实力，参与制定的技术法规紧密结合行业实际情况，实用性、适应性和操作性强。

(四) 科学的计价模式是工程造价管理的基础

发达国家的计价模式和计价依据发展历程比较长，已经形成了适合本国国情的模式。尽管各国在管理机构、造价构成、计价模式、计量办法、造价信息获得方面都有各自的特点，但发达国家都十分重视市场的调节作用，而且计价模式相对统一。我国计价模式和计价依据的改革也要适当借鉴国外的做法，同时与本国国情和发展阶段相结合，探索一条适应我国特色的计价模式和计价依据的改革之路。

(五) 市场准入监管是工程造价管理的必要手段

发达国家建设工程造价管理的市场准入制度比较完善，注重个人的执业资格管理，而对于企业等机构的资质管理相对放开。美国、英国等发达国家实行的是个人执业资格注册市场准入制度，其把准入控制到最基本的单元，即从事工程造价咨询的具体个人。工程造价咨询经营业务范围宽，根据委托方的要求，提供以工程造价为龙头的全方位、全过程的咨询服务，包括项目投资估算、协助或代理招投标、工程合同管理、支付和索赔管理等内容。

四、我国建设工程造价专门立法的必要性和可行性

2014年中共十八届四中全会通过了《中共中央关于全面推进依法治国若干重大问题的决定》，对于加快科学立法和民主立法提出了新的要求。法治环境和

立法环境的不断改善,为开展建设工程造价专门立法提供了难得的历史机遇。

(一) 必要性

一是理顺建设工程造价管理体制的需要。由于没有统一的上位法进行衔接和协调,建设工程造价管理体制机制不顺。只有通过国家专门立法,才能从顶层设计上,明确工程造价管理体制、机构设置、职责分工。二是巩固计价制度改革的需要。只有通过统一立法,才能确立工程量清单计价制度的法律地位,提高其法律权威性和强制力,确保工程量清单得到强制执行。三是构建工程安全制度性保障机制的需要。建设工程的施工安全和工程质量涉及社会稳定和人民生命财产安全的重大公共利益。仅 2015 年 1~11 月,在房屋市政工程领域,全国发生了生产安全事故 396 起、死亡 502 人,其中 21 起较大事故就造成了 82 人死亡,仅在 11 月的 4 起较大事故中就有 13 人丧生。开展建设工程造价立法,是保障公共利益的重要途径之一。四是加强政府投资工程监管力度的需要。国有资金投资的工程的投资效益和工程质量,对国家经济发展和社会稳定有着非常重要的作用,通过工程造价管理是有效监管国有资金效益的有效途径。五是完善建设工程纠纷解决机制的需要。建设工程合同因其牵涉广,时间长,易引发纠纷。以"建设工程合同纠纷"为案由的诉讼案件,2015 年高达 49281 件。《建筑工程施工发包与承包计价管理办法》第一次引入了行业组织调解机制,将行业调解与政府主管部门行政调解相并列,这与国际上普遍采用的工程造价纠纷通过调解或争议评审的解决机制的实质基本一致,需要将这种行业调解机制上升为法律制度。

(二) 可行性

现阶段,就建设工程造价管理制定专门法律法规,已经具备了充分的可行条件。一是相关立法探索为我国开展专门立法提供了立法基础。尽管中国现行关于工程造价管理的立法还存在着许多不足,但无论是国家相关立法、部门规章立法还是地方立法,辅之以各级政府部门在工程造价管理方面的探索和改革,已为下一步国家开展建设工程造价管理专门立法提供了足够的立法经验。二是行业改革为我国开展专门立法提供了实践基础。近年来在我国建设工程造价管理具体手段与措施方面，无论国家还是地方，都逐渐摸索出了一些有益于造价改革发展的管理经验。开展国家专门立法，只需要将现有成熟可行的制度上升为国家法律或者行政法规，移植现有的成功经验，立法成本小。三是造价管理的公共性为我国开展专门立法提供了社会基础。建设工程造价管理不但关系到国有投资工程的经济效益，关系到建设单位和施工单位的经济利益，而且关系到工程质量安全，与公众生命财产安全直接相关。四是国外立法为我国开展专门立法提供了成熟的域外经验。国外建设工程造价管理立法以市场化程度最高的美国、重视规范化管理的英国以及集中管理色彩浓厚的日本最为典型。我们可以在研究这些国家立法特点基础上，广采他山之石，借鉴立法经验，充分利用后发优势，加强工程造价管理顶层设计。五是信息化发展为我国开展专门立法提供了技术基础，信息存储、传输、共享、利用的成本大幅度降低，以前在立法层面难以想象或者难以实现的制度设计，比如诚信体系的技术支撑手段、造价从业人员资格和造价咨询企业资质的网络化监管等，通过电子信息化的"大数据"、"云计算"都能够在经济上和技术上实现。

五、立法建议

我国开展建设工程造价管理立法，需要注意以下几个问题：

（一）立法原则

在推进工程造价专门立法时，除了遵循法律制定的一般原则，比如公平性原则、持续性原则、协调性原则等，还要兼顾到建设工程造价管理的行业实际，体现出我国工程造价管理的特殊性和差异性，既要规范建设工程造价活动，又不能超越中国经济社会发展的阶段性，符合经济社会发展可承受性；要借鉴国外立法经验，发挥法律法规的引领和导向作用，明确立法的历史使命，引领今后较长一段时间内工程造价管理发展和改革方向。同时，最大可能地使国家法律法规中的规范具体化、条文明确化，增强操作性方面的立法力度，突出可操作性，减少过于"原则化"的规定。

（二）立法路径与策略

推进建设工程造价管理立法，一定要注意立法策略、时机和替代性方式的选择，尝试多儿条腿走路。一是积极推动有关《建筑法》等相关法律法规修订。2016年4月，国务院印发了2016年立法工作计划，将《建筑法》修订作为"研究项目"，列入了2016年立法计划。因此，可以利用难得的窗口期，加快《建筑法》修订工作进程，统筹协调建设工程造价管理相关内容，比如解决建设工程造价管理原则、法律地位等核心问题。二是推动《建设工程造价管理条例》立法。一般来看，由全国人大及其常委会立法的项目，基本上需先通过国务院行政法规立法，积累相当的实践基础后，才能逐步由行政法规上升为法律。在没有行政法规立法经验的基础上，直接启动《建设工程造价管理法》立法，立法时机还不成熟。现实可行的途径是，尽快启动《建设工程造价管理条例》立法，待其施行一段时间后，再推动制定《建设工程造价管理法》。三是积极推动地方立法。相比于国家层面立法资源的限制，地方立法资源相对丰富。2015年3月修订后的《立法法》将地方立法权扩大到全国282个设区城市，赋予设区城市对城乡建设与管理、环境保护、历史文物保护等事项的立法权。建设工程造价管理属于城乡建设管理的范畴，可以利用《立法法》赋予的立法权限，加强工程造价管理的地方性立法，既能实现有效管理，又能体现城市特点。通过灵活的地方立法，可以为法律、行政法规立法提供第一手资料。四是加强部门规章立法。对于一些时间紧，又一时难以出台法律、行政法规的立法项目，可先制定规章予以规范。目前住建部专门调整工程造价领域的部门规章有《建设工程施工发包与承包计价管理办法》、《工程造价咨询企业管理办法》、《造价工程师注册管理办法》，在对这三部规章进行修改完善的同时，可以考虑再制定一部统一规范工程造价管理的部门规章，比如《建筑工程造价管理办法》。

（三）国家专门立法需要解决的问题

一是明确政府调节与市场调节的边界。区别国有投资工程和非国有投资工程，实施不同的监管方式。对于政府投资工程，建立一系列相关的操作程序，明确管理责任。完善市场决定工程造价的体制机制,确立工程量清单计价制度的法律地位。二是明确政府监管与行业自律的边界,理顺协会与政府的关系,明确界定行业协会的职能,完善行业自律管理机制。因此,在制定专门的行业协会法遥不可及的情况下,应当在建设工程造价管理的专门立法中明确行业协会的法律地位及其职能。通过立法明确中价协的法律职责范围,并对中价协的自治权进行明确规定的情况下,当国家权力与协会自治权、政府职能与行业自律职能发生冲突时,才可以通过法律来解决冲突,协调和衔接政府和协会的关系,从而解决协会自治权的合法性、独立性问题,并对国家权力和协会自治权进行有效划分,由此抑制政府不当干预,从法律上保障协会的自治性和独立性。三是实施统一监管。在国务院层面,应当由住建部统一对工程造价管理实施统一监管,避免部门职责交叉,防止加重行政相对人负担。四是进一步规范行业准入门槛。短期内,工程造价咨询企业资质和造价工程师资格许可制度应当继续坚持。长远来看,预计随着审批制度改革的深入推进,工程造价咨询企业资质和造价工程师资格许可制度必须进行相应的调整、改革和完善。五是构建科学合理的工程计价依据体系,既要确立工程量清单计价方式的法律地位,也要从立法上实行"全国一盘棋"的方式,减少各行业、地区在工程计价规则上存在的差异,实现各行业、各地区的工程计价规则的统一,打破行业封锁和地方保护主义,促进形成统一开放、竞争有序的市场秩序。六是建立健全工程全过程造价管理服务机制。《建筑工程发包与承包计价管理办法》首次在部门规章层面提出,对建筑工程项目实行全过程造价管理。国家立法需要进一步界定全过程造价管理的内涵与外延,为推广全过程造价管理提供上位法依据。七是加强建设工程造价监督管理和执法力度,严厉打击各种违法违规行为。市场监管的方法要从主要依靠行政手段转向更多依靠经济手段、法律手段,从注重事前审批转向注重事中事后监管,通过企业和人员的诚信体系建设、工程项目的信息系统管理、违法违规行为的查处等,加强执法力度。进一步完善工程造价监督管理方式,发挥工程造价管理机构和行业协会的专业作用,加强对工程计价活动及参与计价活动的工程建设各方主体、从业人员的监督检查。八是适应互联网技术发展需要,推动管理方式革新。鼓励研发适应信息化时代需求的新技术、新方法;完善各类信息的互联互通和共享机制,规范信息数据库,推动和促进信息化建设;明确政府在信息化建设中的职责,加大资金投入,探索开发国家级的数据共享共用平台。

综上所述,由于我国尚未就建设工程造价制定专门的法律和行政法规,大部分调整建设工程造价管理的立法均为国务院建设工程造价主管部门制定的部门规章、规范性文件以及国家制定的标准规范,立法层级相对较低,缺乏必要的权威性。目前,在总结建设工程造价管理行业实践和借鉴国内外立法实践的基础上,在国家层面上开展建设工程造价管理专门立法既具有必要性,也具有可行性。

第九章

工程造价专业人才发展规划专题报告

一、行业人才建设面临的形势

随着建筑业在我国经济建设中地位越来越重要，工程造价专业人才数量不断增加。截至 2015 年 12 月，我国通过造价工程师执业资格考试的人员共 168248 人，注册造价工程师人数达到 150241 人，造价员的数量约为 134 万人。目前，我国每年有大量工程造价专业学生毕业并投身于专业工作。2010 年国务院印发的《国家中长期人才发展规划纲要（2010—2020 年）》是我国第一个中长期人才发展规划。2011 年住建部印发《工程造价行业发展"十二五"规划》（建标造函 [2011]96 号），2014 年印发《住房城乡建设部关于进一步推进工程造价管理改革的指导意见》（建标 [2014]142 号），持续的政策性文件为工程造价行业深化改革指明了方向。随着我国工程造价行业的发展，工程造价专业人才在数量需求、能力标准、培养模式等方面不断提出新的要求。

（一）工程造价专业人才培养数量与需求匹配

据国家统计局数据显示，在过去的十年间建筑业总产值的增加值呈现持续上升趋势，这使得工程造价行业专业人才的需求数量也呈猛增之势。随着建筑业总产值持续增加和社会对工程造价专业人才的大量需求，我国越来越多的学校开设了工程造价专业，工程造价专业人才培养也逐渐规范化。然而，随着我国经济发展面临的产业结构调整形势，建筑业的发展必然会放缓现有的势头，工程造价专业人才培养数量是否与未来社会需求量相匹配就成了必须深入研究的问题。因此，应当在了解现阶段工程造价专业人才供求情况的基础上准确预测未来的人才供求关系,一方面可以保证工程造价专业人才的培养满足社会发展的需求,另一方面也能有效预防工程造价专业人才培养的数量冗余。

(二)工程造价专业人才的能力范围和标准

工程造价行业的发展已经提出了专业人才的职业领域从传统的算量套价拓展到以工程价款为核心的项目管理的必然需求。与此同时,包括"一带一路"在内的国家发展战略的制定,使得我国建筑市场的国际化趋势越来越明显。以信息化为代表的各种新技术、新方法的出现,对工程造价专业人才的能力范围和标准提出了新的要求。在这一新形势下,如何合理制定工程造价专业人才的能力标准,并予以合理的层级划分,将成为指导我国工程造价专业人才未来培养方式和培养内容的关键。

(三)现阶段我国工程造价专业人才培养及管理模式

随着我国对工程造价专业人才的重视程度不断加强,其管理制度也逐渐完善,职业资格的获取不仅对教育背景有严格要求,还需要通过全国统一考试并取得执业(从业)资格证书,但相对国内外先进的多样化的专业人才管理制度还存在一定差距。为推动我国工程造价专业人才自身职业规划的制定以及工程造价行业长期发展,需要从学历教育、执业教育和继续教育等层面重新构建工程造价专业人才的职业生涯的培养体系,并探索针对不同层次造价专业人才的培养模式的有效方案。

综上所述,基于我国对工程造价专业人才的重视程度逐步加深,工程造价管理改革不断深入,我国亟需制定适应行业发展的工程造价专业人才培养与发展战略。

二、工程造价专业人才培养与发展的战略框架

(一)指导思想

工程造价专业人才培养的目标是制定切实可行的计划,有步骤地实施造价领

军人才的培养方案,全面提升工程造价专业人才培养质量,营造拔尖创新人才脱颖而出的氛围,并强化工程造价行业全球化意识,加强我国工程造价专业人才国际交流与合作,努力培养一大批满足国际化大型工程造价咨询需要的造价专业人才。因此在"服务发展,人才优先,以用为本,创新机制,高端引领,有效支撑"的指导方针下,现阶段工程造价专业人才培养的任务是了解市场需求,保证人才培养与社会需求匹配;完善制度,营造良好的行业人员从业环境;产学研结合,转变教育模式;科学规划,稳步推进。

(二)基本原则

1. 优化结构,提高素质

优化工程造价专业人才专业结构,加强职业道德建设,进一步提升专业技术水平和综合素质。推动工程造价咨询专业方向院校管理制度建设,促进相关院校提高教学质量、加大输送人才加入行业力度、加强工程造价咨询专业方向学科建设,促进教学体系的完善。加强高层次人才的培养,建立造价咨询行业专家队伍。培育职业道德良好、专业素质过硬、熟悉工程造价咨询行业理论与实务、具有一定管理经验和创新意识的复合型人员成为专业领军人物。探索并推广行业领军人才和国际化人才培养模式,健全行业领军人才和国际化人才选拔、培养、考核、淘汰使用机制,建立梯次化行业领军人物和国际化人才培养体系,围绕行业业务发展特点、热点,组织高端研讨班,拓宽行业高端管理人才,具有复合型业务骨干人才培养渠道,推动领军人才和国际化人才培养与工程造价咨询内部人才选拔、晋升机制的结合,提升领军人才和国际化人才的影响力,发挥高端人才辐射带动作用。

2. 完善制度,创新机制

营造工程造价专业人才发展的政策环境,创造有利于工程造价专业人才发展的新机制,调动积极性,激发创造力。深入推进注册造价工程师制度改革,全面提高注册造价工程师的胜任能力,提升考试的国际化水平,稳步拓展国际认可范围,完善考试控制制度和组织管理制度,进一步为提高考试工作质量,推进考试组织的科学化。建立行业执业准入胜任评价制度,制定注册造价工程师执业胜任能力评价制度,建立同行业评价机制,并保证制度的公平性和有效性。

3. 立足当前，着眼长远

既要注重目前工程造价专业人才队伍的现状，也要根据人才发展的总体目标，对我国人才的需求进行科学预测和整体规划。发展战略的制定，必须建立在科学预测、科学规划的基础上。在科学预测、合理规划的基础上，保持工程造价人才发展与培养战略适度的超前性，并能够做到对中长期工程造价专业人才的需求做出预测。

4. 产学研结合，共同促进

在政府的监管与支持下，注重高等学校、研究院所和企业所属工程造价专业人才的结合，形成人才、技术和产业相互促进的良好局面。推动相关院校、研究机构与行业的沟通与互动，鼓励工程造价咨询企业为院校建立稳定的学生实习基地，建立实践型毕业生能力体系。引导院校为工程造价咨询企业提供优秀人才，以中价协和地方协会为平台，加强行业实务界与院校、理论界专家人才等合理有序流动和合作攻关。

5. 以人为本，培养为主

重视人的需要；以人为基本出发点，鼓励学校、企业、管理机构重视人才的培养。不断更新教育理念，完善造价工程师继续教育管理办法，鼓励造价咨询企业建立专业人力资源分类分级体系、培训体系、评价体系、考核体制和晋升制度体系，支持造价咨询企业、地方协会针对不同的胜任能力培养要求，对开发培训教材分类分级。指导和推动地方协会健全继续教育制度，深入推进继续教育工作的改进，为做好继续教育工作，建立完善的继续教育保障制度。

6. 科学规划，稳步推进

要以全行业科学有序发展为基础，科学规划，加强区域和行业间的合作，完善人才培养机制与内部治理机制，促进行业健康发展。发展战略必须周密部署、充分考虑到各方面关系，坚持系统化、整体优化原则。并要保证抓住主要矛盾和矛盾的主要方面，保证重点，统筹兼顾。

（三）发展目标

到 2020 年，我国工程造价专业人才发展的战略目标是：按照结构优化、专业精湛、道德良好的要求，在行业人才队伍建设上取得质和量的突破，打造一支职业胜任能力和职业道德水平共同提高的工程造价专业队伍。完善我国工程造价行业人才选拔、培养、评价、使用机制，为我国工程造价行业走向国际提供强大的人才资源支撑。

（1）将我国工程造价专业人才划分为领军人才、骨干人才和基础人才三个层级，建立各层级工程造价专业人才的能力匹配表，以满足职业生涯不同阶段目标规划的需要。

（2）造价工程师人才资源总量稳步增长，行业持续发展能力明显增强。注册造价工程师达到20万人，建立与职业胜任能力相匹配的继续教育体系，培养具有国际水准的工程造价学术带头人50人，培养行业领军人才1000人。

（3）整合培训资源，优化培训机制，围绕提高工程造价专业人才职业胜任能力，创新行业人才选拔、培养、考核、评价、使用机制，营造行业人才辈出、人尽其才的氛围。

三、主要措施

（一）工程造价专业人才能力标准层级划分

建立工程造价专业人才能力标准层级划分制度，完善专业人才梯次化管理。一方面按人才称号分类制将工程造价专业人才划分为基础人才、骨干人才和领军人才三个层次，并逐渐形成以基础人才为基础，以领军人才与骨干人才培养为重点，分阶段、分层次人才培养的机制。另一方面按协会会员等级划分制度，将工程造价专业人才划分为会员、高级会员、资深会员、荣誉会员几个层次。两种层级划分制度建立起来之后，研究两种划分制度之间的对接关系，并完善相应制度。

（二）职业资格制度改革背景下造价工程师执业资格制度的完善战略

为切实贯彻落实党和国家的方针政策，规范职业资格的管理。改革完善职业资格制度，是推动职业资格制度健康发展的必然要求。进一步完善造价工程师执业资格制度，调整和优化等级设置、报考条件、专业划分等内容，有利于健全人才培养机制，为职业资格改革平稳推进做好衔接和过渡工作。

进行造价工程师执业资格制度的完善工作，要进一步完善造价工程师的报考条件、专业和科目设置、考试大纲、注册管理实施机构等。制订《造价工程师执业资格考试实施办法》，在执业资格制度规定基础上，明确组织分工、考试方式、报考科目和考试大纲、教材、考务管理等。

（三）工程造价专业人才的国际化培养战略

随着国家经济全球化发展，境外同行进入的威胁和要求我国经济领域运行遵守国际经济一体化规则，工程造价管理应逐步向国际惯例靠拢，这就要求我国工程造价咨询公司以及工程造价专业人才不断改变以迎接走向国际的挑战。一方面我国高校在培养工程造价专业学生时要考虑到工程造价专业人才未来发展趋势，逐步向工程造价专业学生灌输国际工程造价专业知识，使其在走向工作岗位后适时满足公司及市场需求，将培养国际化素养的专业人才纳入工程造价教材体系并加以贯彻；另一方面我国工程造价咨询公司也应适时开拓市场，提高国际业务竞争力，及时掌握国际工程造价领先技术及管理信息，培养具有国际化素养的专业人才。构建工程造价国际化培养体系，从政府、行业协会、企业及高校等层面建立培养国际化工程造价人才的制度。

（四）去行政化背景下复合型工程造价专业人才培养战略

我国的去行政化进程在一定程度上使得工程造价管理部门、高校在培养工程造价专业人才的具体工作发生变化。政府、协会在去行政化制度下引导工程造价专业人才解放思想，更新观念，改革创新，并对原有的专业人才培养模式进行探索和研究；企业加速业务结合，使得过去单一的计量、计价人才能够逐步适应行业发展；高校去行政化，一方面政府在遵循教育规律的基础上，克服对高校行政化的管理，另一方面高校自身应要求行政权力的行使回归本位，使高校学术权力拥有必要空间，因此高校需要加紧培养和吸引懂技术、懂经济、懂管理、懂法律的复合型工程造价专业人才，为我国工程造价咨询企业营造良好的发展环境。

（五）工程造价专业人才发展与高等教育对接战略

在高校工程造价专业构建专业能力测评制度，实施毕业生"双证书"与专业能力测评结合的教学考核制度，有效实现学校的专业评估、认证与职业资格相衔接。

逐步完善对开设工程造价专业的高校管理制度，对开设工程造价专业高校设定严格的审核条件，并根据市场需求变化控制工程造价专业学生的招生数量，使得未来工程造价专业人才供给数量与需求数量相互匹配，避免冗余，提高工程造价专业人才培养质量，使得专业人才更好地满足市场需求。

一方面要根据专业人才层级划分构建适用于应用型本科专业认证考核的能力标准，另一方面应建立完善的专业认证考核程序，制定合理的专业认证管理办法。

四、建立人才培养体系

（一）我国工程造价专业人才学历教育

1. 工程造价专业课程设置应满足以下要求

（1）制定工程造价专业核心能力标准，并设置工程造价专业课程与之相应。

（2）工程造价专业课程的设置要与国际接轨。

（3）课程设置中应建立信息化平台课程。

2. 工程造价专业实践教学改革

（1）模块化的执业能力培养要求。由于涉及技术、管理、经济、法律和信息化等五大知识领域，工程造价专业人才执业能力的培养，应将能力要求模块化，分层次设置响应性的实践教学内容。

（2）综合性的执业能力培养要求。由于工程造价专业集管理与技术于一身的特点，其实践教学应充分借鉴管理类与技术类专业经验，从执业能力的综合培养入手设计。鉴于综合实践教学通过仿真现实工作情景，使学生参与工程管理实践的培养方式更适合专业执业能力的培养，因此工程造价专业应以此为重点进行综合实践教学设计。

3. 支持全国普通高校工程造价类专业协作组的工作

行业协会应全面支持全国普通高校工程造价类专业协作组各项工作的继续实

施与展开，不断拓宽全国各所高校、各工程造价企业交流合作的平台，以工程造价专业产学研的国际化联盟不断更新工程造价专业人才的能力培养标准，使高校真正成为工程造价专业应用型人才培养的核心基地。

4. 定期发布工程造价行业需求信息，预警工程造价专业办学数量

跟踪行业发展动态，组建专业教学指导委员会，认真分析和决策，定期发布行业需求信息，是建立行业动态信息网络的基本工作，信息共享是专业建设和人才培养同化的重要前提。

（二）我国工程造价专业人才执（职）业教育

1. 完善考试管理制度

主要内容包括：修订《造价工程师职业资格制度暂行规定》；加快《造价工程师执业资格考试管理办法》的编制工作；完善以造价工程师能力标准体系为依据的考试大纲规划；提升考试成绩管理水平。

2. 以造价工程师资格考试为核心加强资格管理各环节的衔接

按照国际惯例，专业评估、职业实践、资格考试、注册或登记、继续教育构成了职业资格管理的五个环节。抓住资格考试这个关键环节，通过调整考试内容、方式、报考条件等，带动学校的专业教育和大学生毕业后的职业实践，推动形成由执业资格标准引领的专业教育标准、专业评估标准、职业实践标准、资格考试标准、继续教育标准多位一体的注册执业人员评价培养体系，对注册执业人员实施全过程管理。

（三）积极创新我国工程造价专业人才继续教育

我国应围绕市场需求的变化趋势，充分借鉴国际经验，动员和利用全国各级人才培养机构、国际培训机构及社会各类人才培养力量，保障行业服务结构调整和升级的人才需求，积极创新我国工程造价专业人才继续教育。

1. 建立造价工程师分级分类继续教育管理和认证体系

造价工程师继续教育的内容应该参照学历教育、执业教育的体系设置，有延续性、有针对性地开展工作，逐步建立更加科学合理的人才终身教育体系。继续

教育的主体包括各级管理机构、行业社团、企业以及社会培训机构。支持和鼓励造价咨询企业发挥自身优势，积极探索建立专业人力资源管理配套体系，各级协会应积极开展相关的认证和评定工作，并推广先进经验、开展合作交流，共赢共进，促进专业人力资源分类分级、培训、评价、考核和晋升制度体系建设。

2. 积极推动"互联网＋教育"

优化继续教育资源配置，更新继续教育理念、创新培训方式，以互联网思维优化继续教育资源配置，逐步建立卓有成效、全面到位、与时俱进的继续教育培训体系。

3. 造价工程师继续教育的层级划分

第一层次为造价工程师所需技能的基础理论培训，不分专业、行业，采用统一的教材，属于工程造价专业通识培训。具体内容可分为法律、法规；管理、经济类和专业技术三部分课程。第二层次为造价工程师综合素质提升层次的培训，将造价工程师继续教育培训分为商务战略发展和技能发展两个方向，分别按照这两个方向的需要进行培训内容的设计。

4. 工程造价专业人才继续教育程序需要完善

实施工程造价行业领军人才后备队伍选拔测试，通过选拔性测试对成绩优异的学员进行系统培训，推进行业领军人才后备队伍建设。分阶段对参加培训的学员进行职业能力考核，学员通过参加培训逐步提升自己的执业能力和综合素质，通过定期考核制度认识到自己的不足，在能力提升和完善不足中最终成为工程造价行业的领军人物。

五、组织保障

构建"多位一体"的组织框架，明确政府、行业协会、高校及企业在工程造价专业人才培养与发展战略实施过程中的角色定位和职能分工。

（一）主体角色定位

1. 政府部门——行政管理和公共服务保障

政府部门负责人才培养与发展战略实施的管理和引导。首先，工程造价专业人才培养与发展需要政府的宏观管理以规范其行为。其次，政府作为建设行政管理部门，负有对工程造价及其相关行业进行管理的职责，也包括人才培养方面的管理。

2. 行业协会——保障行业良性发展

行业协会负有行业自律管理的职责，也是工程造价人才培养与发展的行业自律管理者。行业协会应当推进造价咨询诚信体系建设，维护行业的可持续发展。

行业协会是工程造价专业人才培养与发展的支持者。

行业协会是工程造价信息服务的提供者。

行业协会是政府、企业之间的桥梁，行业协会应当在两者之间起到沟通协调作用。

3. 工程造价人才培养机构保障——高校培养

高校是工程造价专业人才教育理论研究的推动者。

高校是工程造价专业人才教育实践研究的实行者。

4. 企业保障——创造就业机会与实现价值

企业是工程造价专业人才培养使用的主体，也是其实现价值的载体。在工程造价专业人才培养与发展中，他既是人才需求信息的提供者，也是专业人才的培养者。

（二）职能分工

1. 政府的职能分工

见表9-1。

工程造价专业人才培养与发展的政府职能　　　　表9-1

政府角色定位	中央政府职能	地方政府职能	关键职能	辅助职能
管理者	工程造价相关法律、法规建设	地方工程造价相关法规建设；国家相关的法律法规、政策文件的贯彻	√	
	构建科学合理的工程计价依据体系，建立与市场相适应的工程定额管理制度	地方工程计价依据的构建，改革地方工程定额管理制度	√	
	企业、行业协会人才培养活动的指导和监督			√
引导者	制定人才培养战略框架，政策引导	地方范围内落实培养战略的实施	√	

2. 行业协会的职能分工

见表9-2。

工程造价专业人才培养与发展的行业协会职能　　　　表9-2

行业协会角色定位	中国建设工程造价管理协会	地方及各专业造价管理协会	关键职能	辅助职能
行业自律管理者	工程造价相关法律法规的贯彻；工程造价相关国家标准规范的贯彻与推广	工程造价相关法律法规的贯彻；工程造价相关国家标准规范的贯彻与推广		√
	行业、协会技术标准、规范的制订和发布	国家、行业、协会技术标准、规范的贯彻推广；地方行业协会技术标准、细则的制定	√	
	行业协会自律制度建设与运行	地方行业协会自律制度建设与运行	√	
	企业及专业人才活动的指导和监督			√
信息服务提供者	行业工程造价信息库建设	地方行业工程造价信息库建设	√	
	行业服务信息化平台建设	地方行业服务信息化平台建设	√	
	工程造价信息的研究和发布		√	
	行业发展信息的研究与发布	地方行业发展信息的研究与发布		√
上传下达者	促进政府、企业间的沟通交流			√
支持者	人才培养与考评工作的实施		√	
	组织工程造价人才继续教育			√
	研究对全国高校工程造价专业进行专业认证工作			√
	协助政府制定并推动我国工程造价行业的规章制度			√

3. 高校的职能分工

见表9-3。

工程造价专业人才培养与发展的高校职能　　　　表9-3

高校角色定位	职能	关键职能	辅助职能
工程造价专业人才教育理论研究推动者	研究创新教育等理论；注重学历教育与执业教育的融合	√	
工程造价专业人才教育实践研究实行者	确定工程造价专业人才培养目标及培养规格	√	
	更新教学内容；创建适合工程造价专业的实践教学体系	√	

4. 企业的职能分工

见表9-4。

工程造价专业人才培养与发展的企业职能　　　　　表9-4

企业角色定位	企业职能	关键职能	辅助职能
人才需求信息提供者	专业人才专业需求、能力需求	√	
专业人才培养者	创造就业机会，吸引、激励和留住人才	√	
	建立专业人才发展通道	√	

在此基础上建立工程造价专业人才的协同机制：一是政府牵头，形成政企学研一体化；二是紧跟行业发展，实行校企互动；三是创新产学研合作教育人才培养模式，突出能力教育；四是学习产学研机制优势，加强产学研机制研究。

在政策保障方面，应首先建立和完善具有中国特色的"政府宏观调控，企业自主报价，竞争形成价格，监管行之有效"的工程造价的形成机制；其次构建以工程造价管理法律、法规为制度依据，以工程造价标准规范和工程计价定额为核心内容，以工程造价信息为服务手段的工程造价管理体系；然后在"加强政府引导监督，完善行业自律，实现公平守信"的方针指导下，促进工程造价咨询业的可持续发展；最后地方政府要清理现行的政策法规。在制度保障中提出要完善工程造价行业法律法规，完善行业人员选拔和准入清出制度，提高造价行业执业信用并推进工程造价行业诚信建设，加强个人信用制度的建立。在考核体系中提出通过对政府管理部门、行业协会、高校及企业等参与主体的考核，实现对工程造价专业人才的衡量和评价，并将发现的各个行为主体的不足适时反馈给各个主体，帮助其对自身加以改进，促进工程造价专业人才培养与发展战略的顺利实施。

附录一

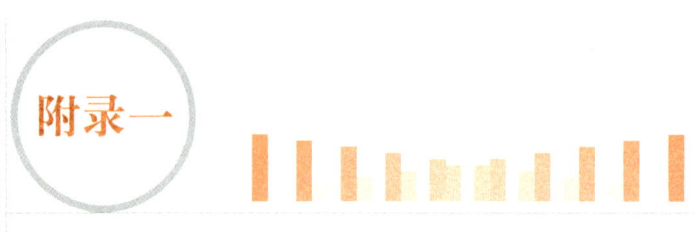

2015年大事记

1月9日 为使协会职工深入了解信息技术发展动态,适应行业技术变革,提高自身业务水平,更好地为行业服务,中价协秘书处就移动互联网应用组织专题讲座,协会领导和职工参加了为期半天的学习讲座活动。

1月16日 中价协发布了《中国建设工程造价管理协会2015年工作要点》,提出2015年协会工作要点为:一、配合政府主管部门推进法制建设,积极完成部交办任务;二、继续完善相关标准规范,夯实技术基础;三、推进诚信体系建设,引导行业自律;四、加强人才队伍建设,适应改革发展要求;五、开展专项规划及课题研究,为决策提供支撑;六、开展信息化建设工作,提高会员服务质量;七、加强国际交流与合作,提升国际地位;八、做好秘书处自身建设,加强协会间交流。

1月22日 住建部标准定额司印发了《住房城乡建设部标准定额司2015年工作要点》,包括:一、改革、完善工程建设标准体系;二、推进工程造价管理改革;三、加强标准实施监督,落实重要专项工作。

1月27～28日 中价协"工程造价信息化战略研究成果发布及研讨会"在重庆召开。会议目的是按照住建部《关于进一步推进工程造价管理改革的指导意见》要求,就做好工程造价信息化顶层设计以及BIM和大数据等现代信息技术对工程造价管理的影响进行研讨。会上,课题组发布了影响工程造价行业未来发展趋势的两项课题成果:《工程造价信息化战略研究》和《BIM技术对工程造价管理的影响研究》。邀请的四位嘉宾分别作了主旨演讲；另外，会议还邀请行业优秀企业代表进行了成果展示和经验分享，会议达到了预期目的，取得了圆满成功。

2月4～5日 为了确保工程造价咨询企业信用评价管理系统及信用评价工作的顺利实施，中价协在北京召开了系统测试会，来自天津、江西、广东、江苏、四川等省级造价管理机构、造价协会、建设银行以及工程造价咨询企业代表参与了测试。会议由协会规划发展部张兴旺主任主持，施笠副秘书长出席会议并讲话。本次会议的召开为下一步顺利开展试点工作奠定了基础。

2月15日 中国招标投标协会任珑常务副会长、邢丽华副秘书长、培训部刘捷主任、职业资格部陈琦主任一行4人访问了中价协。中价协徐惠琴理事长、吴佐民秘书长及相关部门负责人参与会见。通过此次访问，加深了中价协与中招协的联系与了解，为下一步两协会开展合作打下良好的基础。

3月10～11日 中价协秘书长联席会议在广西南宁市召开。来自全国28个省市、自治区造价管理协会理事长或秘书长共计40余人参加此次会议。会议由中价协吴佐民秘书长主持，广西建设工程造价管理总站黄健强站长致欢迎辞，徐惠琴理事长出席会议并讲话，各部门主任依次发表讲话。随后各省市参会人员就会议主要议题进行了讨论及交流。本次会议取得圆满成功，为落实住建部工程造价管理改革指导意见和协会2015年工作任务打下了良好基础。

3月13～14日 为使香港测量师学会会员在内地执业的过程中更好地了解内地造价咨询行业的标准、规范及有关管理制度，中价协在深圳市举办了香港测量师学会会员互认为内地造价工程师继续教育培训班，共有159名互认合格及在内地执业的香港测量师学会会员参加了本次培训。

3月27日 为加强建设工程造价咨询合同管理，进一步明确委托人和咨询人的权利义务，保护建设工程造价咨询过程中各方主体的合法权益，住建部标准定额司委托有关单位对2002年颁布的《建设工程造价咨询合同（示范文本）》进行了修订，并将《建设工程造价咨询合同（示范文本）》（征求意见稿）印发各地征求修改意见。

4月9~10日　中价协化工委五届二次会议在长沙召开。会议回顾和总结了五届一次会议以来的工作情况，部署了新一年度工作任务。会议期间，化学工业工程造价管理总站第三次会议同时召开。住建部标准定额研究所助理调研员白洁如、湖南省建设工程造价管理总站副站长徐玉堂和湖南省建设工程造价管理协会副秘书长张少玲应邀参会指导，本届委员会顾问王文善、袁纽、郎向发等70多位委员和代表出席会议。

4月23日　由住建部标准定额司组织中价协编制的国家标准《建设工程造价咨询规范》（GB/T 51095—2015）经住建部正式批准发布，自2015年11月1日起在全国实施。

4月28日　为贯彻落实《住房城乡建设部关于进一步推进工程造价管理改革的指导意见》（建标[2014]142号）有关行政审批制度改革的要求，本着简化审批流程、提高审批效率的原则，住建部办公厅就进一步改进甲级工程造价咨询企业资质审核工作发出通知。该通知自2015年6月1日起执行。

5月6日　中价协在江西省南昌市组织召开了工程造价咨询企业信用评价试点工作会议，正式启动信用评价试点工作。江西省建设工程造价管理局郁士文局长、造价协会周荣彪会长及各地市站长，中价协副理事长、天津市建设工程造价和招投标管理协会张顺民理事长，广东省建设工程造价管理总站卢立明副站长，广东省建设工程造价协会钟泉会长和许锡雁秘书长等40人出席会议。

5月7日　湖北省建设工程造价咨询协会第四次会员代表大会在武汉召开。大会听取并审议通过了湖北省建设工程造价咨询协会第三届理事会的各项报告及说明。312名会员代表参会，产生了由120位同志组成的协会第四届理事会；选出了由44位同志组成的常务理事会；高俊普同志当选理事长，万汉英、文志辉、卢灿斌、刘晓光、祁大勇、肖莲、汪国钢、汪建新、邵振芳、戴坚强、魏利文等11位同志当选副理事长，李莉同志当选秘书长，选举管维威、华桦同志为协会监事。中价协徐惠琴理事长专程到会祝贺并发表重要讲话。

5月6~7日　受住建部标准定额司委托，中价协在江西省南昌市组织召开《工程造价行业"十三五"规划》（以下简称《规划》）初稿审查会。《规划》编制组、指导组主要成员及中价协部分同志出席会议。会议由中价协理事长助理张兴旺同志主持，与会专家对初稿进行了认真审阅并提出意见，吴佐民秘书长作了总结发言。会议对现阶段编制内容进行了充分讨论，为下一步编写工作指明了方向。

5月21日　为落实中价协南昌"工程造价咨询企业信用评价试点工作会议"精神，天津市建设工程造价和招投标管理协会召开了"天津市建设工程造价咨询企业信用评价试点工作"会议。会议由协会理事长张顺民主持，中价协理事长助理张兴旺、天津市城乡建设委员会建筑市场总监周国庆、天津市建设工程定额管理站站长杨树海及天津市工程造价咨询企业负责人出席了会议。

6月16~17日　在美国华盛顿国际货币基金组织（IMF）大厦举办的国际工料测量标准（ICM）联盟会议上，来自世界各地的30多个国家专业组织代表在联盟成立申明上签字，中国建设工程造价管理协会作为中国工程造价领域的权威组织，也派正在美国访问交流的北京交通大学郭婧娟副教授代表中价协在同意加入联盟的声明上签字。

6月18日　中国建设工程造价管理协会理事长办公会议在沈阳召开。副理事长白丽亚、沈维春、袁桂军、谢洪学、郭瑜、刘嘉、周尚洁、尹贻林、张宝玉及秘书长吴佐民出席会议，中价协秘书处副秘书长及相关部门主任列席会议，会议由徐惠琴理事长主持。会议听取了吴佐民秘书长2015年中价协重点工作的报告，听取了薛秀丽副秘书长关于秘书处薪酬福利情况的汇报。会议肯定了近几年中价协工作的卓越成效和行业引领作用，并对多项工作提出建议，会议还研究了相关工作事项。

6月25日　中价协在湖北宜昌召开全国造价工程师继续教育与专业人员培养工作会议。来自各省、自治区、直辖市和有关部门负责造价工程师、造价员继续教育与管理工作的领导及相关人员近110人参加了本次会议。会议由中价协考务和教育培训部李成栋主任主持，徐惠琴理事长出席会议并讲话。施笠副秘书长向参会代表就《关于改进造价工程师继续教育形式的五点意见》（征求意见稿）进行了宣讲。会上，中价协对造价工程师继续教育管理先进单位和先进个人进行了表彰。会议顺利完成了各项议程，取得圆满成功。

6月29日　中价协吴佐民秘书长带队前往中国招标投标协会开展调研工作，薛秀丽副秘书长及相关部门负责人陪同参加。本次调研的目的是学习和交流招投标行业先进的管理经验和理念，建立和推动中价协与中招协的联系与合作。双方在共同关心的制度建设、诚信体系、信息化和注册考试改革、继续教育互认、规划研究、会员服务等方面开展了讨论和交流。会议期间，参会代表纷纷对社团制度建设、财务规范、改革难点、发展方向等方面内容进行了热烈的讨论，为社团建设工作的发展提出了良好的建议。

7月8日　中价协社团工作会议在贵阳召开。住建部机关党委刘平星副书记、贵州省住房城乡建设厅党组成员机关党委明卫华书记、贵州省住房城乡建设厅党组成员毛方益总工程师、华北电力大学人文学院陈建国副教授、中价协吴佐民秘书长、中价协薛秀丽副秘书长以及各省、自治区、直辖市造价管理协会主要负责人和财务负责人出席会议。

7月9日　工程造价咨询合伙制企业座谈会在京召开，来自温州、杭州、北京、天津的七家合伙制企业合伙人出席了会议。会议由中价协理事长助理张兴旺主持,吴佐民秘书长出席会议并讲话。这次会议是中价协受住建部标准定额司委托对合伙制企业发展现状进行的调研,为修订《工程造价咨询企业管理办法》(建设部令第149号)提供决策依据。本次座谈会上,工程造价咨询合伙制企业的代表反映了相关诉求,对工程造价咨询合伙制企业特点以及发展过程中存在的问题进行了分析讨论。

7月10日 为加快转变政府职能,实现行业协会商会与行政机构彻底脱钩,促进行业协会商会可持续发展,根据部分行业协会商会存在的政会不分、管办一体、治理结构不合理、创新意识不强、作用发挥不够等问题,中央办公厅和国务院办公厅联合印发了《行业协会商会与行政机关脱钩总体方案》,要求各地区各部门结合实际认真贯彻执行。

7月13日 为贯彻落实《住房城乡建设部关于进一步推进工程造价管理改革的指导意见》(建标[2014]142号),确保各项改革任务落实,住建部办公厅决定开展工程造价管理改革任务落实情况检查。

7月14日 为落实国务院关于深化行政审批制度改革工作要求,住建部决定取消建筑智能化、消防设施、建筑装饰装修、建筑幕墙4个工程设计与施工资质的行政审批。

7月15～16日 国家标准《建设工程造价咨询规范》GB/T 51095—2015宣贯会议在北京召开。会议由中价协标准学术部舒宇主任主持。住建部标准定额司赵毅明处长、中价协吴佐民秘书长、信永中和陈彪副总经理就造价咨询相关工作发表了讲话。《建设工程造价咨询规范》GB/T 51095—2015于2015年11月1日起在全国实施。

7月25日 由中国建设工程造价管理协会、中华全国律师协会主办,湖南省律师协会承办的"工程造价鉴定与司法实践研讨会"在湖南省长沙市隆重举行。

这是首次国内造价咨询行业与律师行业专业领域的跨界交流活动。来自全国的工程造价行业代表、律师行业代表、司法系统工作者300余人参加了本届盛会。通过本次工程造价专业人士和专业律师的现场跨界交流活动，既加深了双方对彼此专业的了解，又加强了两个行业专业人士之间的友谊和互信。同时，本次研讨会的顺利召开，也为今后造价工程师、律师团队和法院系统加强多边合作，更好的解决工程建设领域工程造价纠纷提供了相互合作与沟通的平台。

7月28～31日 为促进工程造价咨询企业做好核心人才培养工作，推动工程造价咨询企业提升核心竞争能力，中价协在北京召开工程造价咨询企业核心人才培训与交流会议，来自各省、自治区、直辖市及有关部门工程造价咨询企业法定代表人或技术负责人近240人参加了会议。

8月12日 《中国工程造价咨询行业发展报告2015版》大纲审查会在北京银龙苑宾馆召开。会议由中价协规划发展部牵头组织，参会人员有中价协徐惠琴理事长、张兴旺理事长助理、武汉理工大学方俊教授、天津理工大学柯洪教授、北京中和惠源工程造价咨询有限责任公司吕发钦董事长、中德华建（北京）国际工程技术有限公司汪建新董事长、广联达研究院刘刚院长等。会上，各专家对发展报告的编制大纲进行了深入细致的讨论，为下一步行业发展报告编写工作打下了坚实的基础。

8月27日 中价协理事长助理张兴旺同志率调研组赴江苏进行调研，广东省建设工程造价管理总站（协会）、天津市建设工程造价和招投标管理协会和江西省工程造价协会负责人参加调研。本次调研的主要目的是学习和了解江苏省在信用评价工作中的经验，听取各试点地区关于信用评价工作进展情况的汇报，现场解决试点过程中遇到的问题。

8月28日 《建设项目非标准设备工程计价指南》编制大纲讨论及启动会议在北京中价协会议室召开，会议由中价协标准学术部牵头组织。吴佐民秘书长出席会议并讲话。会议期间，参会专家对编制内容及过程提出了建议。

9月6日　中价协徐惠琴理事长、吴佐民秘书长一行四人专程赴天津慰问"8·12爆炸事故"受损咨询企业。徐惠琴理事长、吴佐民秘书长表示中价协将全力为受灾企业提供支持与帮助。

9月7日　香港测量师学会何钜业会长率内地事务委员会来京，与部属有关对口团体进行交流座谈。座谈会在中价协会议室举行。座谈会由中价协薛秀丽副秘书长主持。住建部计财外事司王筱敏、监理协会温健副秘书长、物业协会陈健容副秘书长、房地产估价师学会李娟主任等负责人出席会议。

9月14日　为规范工程造价咨询行业市场秩序，维护工程造价咨询合同当事人合法权益，住建部、国家工商行政总局制定了《建设工程造价咨询合同（示范文本）》（GF—2015—0212），自2015年10月1日起实施。

9月17日　中价协组织专家对沈阳建筑大学和辽宁省建设工程造价管理总站联合承担的"注册造价工程师行业自律管理研究"课题大纲进行审查。中价协规划发展部助理调研员朱宝瑞出席会议，来自北京、上海、河南、电力等管理机构及咨询企业的7位国内造价管理领域知名专家组成审查委员会。会上，审查委员会听取了课题组的工作汇报，充分肯定了课题组的工作并提出相关建议。

9月21日　受住建部标准定额司委托，中价协在北京组织召开《工程造价行业"十三五"规划》（初稿）（以下简称《规划》）审查会。会议对《规划》编制成果进行了初审。会议由中价协理事长助理张兴旺主持，标准定额司宋友春副司长、赵毅明处长、中价协吴佐民秘书长、审查专家及编制组成员参加会议。

10月15日　中价协在北京举行了内地造价工程师与香港工料测量师互认补充协议签字仪式。本次"互认补充协议"的签订，对双方下一步继续推进互认工作及做好后续管理工作奠定了基础，同时也为两地专业人才流动提供了更多机会。

10月16日　国家标准《建设工程造价咨询规范》（GB/T 51095—2015）宣贯会议在天津召开。天津市建设工程造价和招投标管理协会张顺民理事长到会讲话。来自全国各地及各个专业部门的160多名专业人士参加了宣贯会议。该规范于2015年11月1日起在全国实施。

10月20日　国家标准《建设工程造价咨询规范》（GB/T 51095—2015）宣贯会议在成都召开。中价协徐惠琴理事长到会讲话，强调了新规范的重要性，并希望贯彻落实到工作实践中去。来自全国各地及各个专业部门的260多名专业人士参加了宣贯会议。

10月20日　国家新闻出版广电总局印发《关于住房和城乡建设部首批学术期刊认定及整改意见的函》（新出报刊司[2015]569号），《工程造价管理》期刊被正式认定为学术期刊A类。

10月23日　国家标准《建设工程造价咨询规范》（GB/T 51095—2015）宣贯会议在重庆召开。重庆市建设工程造价管理总站张琦站长致辞，张琦充分肯定了新国标的重要性，并表示大力支持后续宣传和推广工作。来自全国各地及各个专业部门的410多名专业人士参加了宣贯会议。会后学员们均表示：希望这样的标准今后能够多出台一些，以利于造价咨询行业的可持续发展。

10月26日　由中价协主办、天津理工大学管理学院承办、住建部标准定额司监督指导的2015年工程造价咨询机构技术骨干培训班举行了结业颁证仪式。住建部标准定额司赵毅明处长、中价协施笠副秘书长、天津建设工程造价和招投标管理协会王润明副理事长出席了仪式，天津理工大学管理学院尹贻林院长主持结业颁证仪式并致辞。

10月31日 首届全国高等院校工程造价技能及创新竞赛在江苏徐州（高职组）和天津（本科组）成功举办。

11月2日 内地与香港建筑业论坛在宁夏银川的国际交流中心举行。来自内地与香港建设主管部门、专业团体和企业界人士约400人共聚塞上湖城，共商"一带一路"的发展理念和未来特色城市建设发展之路。中价协作为内地主要协办单位，委派协会舒宇主任及宁夏造价管理总站常福荣站长为代表参加了本次盛会。

11月4~5日 全国工程造价管理类期刊联络网会议在广东湛江召开。会议主要任务是交流工程造价管理类期刊办刊经验，提升期刊整体水平，更好地为行业改革发展服务。全国各省市自治区、部门专委会及有关地市的行业期刊代表参加会议。中价协理事长、《工程造价管理》期刊编委会主任徐惠琴出席会议并讲话，会议由中价协吴佐民秘书长主持。

11月5~6日 中国建设工程造价管理协会第六届优秀论文复审会议在广东湛江召开。评审委员会主任、中价协吴佐民秘书长出席会议并讲话。天津理工大学管理学院尹贻林院长担任评审专家组组长。该活动旨在提高我国工程造价专业人员的理论素质，培养和激励工程造价专业人才的创新精神，促进高层次、创新型人才的脱颖而出，引领工程造价行业科学发展。

11月6日 2015版《建设工程造价咨询合同（示范文本）》(GF—2015—0212)宣贯会议在北京首都图书馆大礼堂召开，该示范文本由住建部和国家工商行政总局联合发布，并于2015年10月1日实施。本次新版合同示范文本的宣贯活动对进一步加强建设工程造价咨询市场管理、规范市场主体行为、维护造价咨询合同各方当事人合法权益有着重要的现实意义。

11月12日 为了促进企业交流，提高专业人才业务能力，提升行业整体素质，促进工程造价咨询行业共同发展，中价协组织的第一期"企业开放日"活动如期举行。来自全国各地的造价咨询企业的董事长、总经理及企业负责人 150 余人分别参加了上海申元工程投资咨询有限公司、上海第一测量师事务所有限公司、江苏捷宏工程咨询有限责任公司、信永中和（北京）国际工程咨询管理公司开放日活动。

11 月 19 日　广东正式启动全国工程造价咨询企业信用评价试点工作。本次工程造价咨询企业信用评价指标体系共分为 8 个一级指标，20 个二级指标和 29 个三级指标。广东省 357 家工程造价咨询企业积极响应，其中通过参评申请的企业已超过八成，香港威宁谢、伟历信、百业等外资测量师企业竞相加入，已有 297 家企业正积极准备申报材料，并将本次评选标准作为企业未来的发展方向。

11 月 20 日　中价协吴佐民秘书长拜会了同济大学丁士昭教授，双方就工程造价管理领域的相关热点问题进行了交流。

11 月 28 日　高等学校工程管理和工程造价学科专业指导委员会 2015 年全体会议于云南昆明市召开。会议总结了"十二五"教材建设情况，研究了"十三五"教材建设规划，并对工程管理专业现状及未来发展进行了深入探讨。住建部高延伟处长，高等学校工程管理和工程造价学科专业指导委员会委员、中国建筑工业出版社有关人员，相关企业代表参加会议。

12 月 4 日　中价协党支部召开了全体党员大会，组织学习了党中央有关文件精神，中价协吴佐民秘书长，施笠副秘书长及全体党员参加会议。会议由中价协副秘书长、党支部副书记薛秀丽主持。全体党员分别就学习党中央有关文件的体会和认识作了充分、热烈的发言与讨论。

12 月 10 日　为研究工程造价咨询行业的发展趋势及存在问题，指导工程造价咨询行业健康发展，中价协组织专家在京召开了《中国工程造价咨询行业发展报告（2015 版）》初稿审查会。会议由中价协理事长助理张兴旺主持，中价协吴佐民秘书长出席会议并发表讲话。会议提出，中价协今后将扶持发展一批以提供造价管理为核心的全面项目管理服务的企业，计划培育10家左右年产值过10亿的行业领军企业，提高行业的凝聚力和社会影响力。

12月10~11日　中价协化工委在河南省开封市中国化学工程第十一建设有限公司召开了《通用安装工程消耗量定额》宣讲会。宣讲会邀请了《通用安装工程消耗量定额》编制专家进行宣讲。中国化学工程集团公司及所属企业、河南能源化工集团及地方工程建设、工程监理、工程造价咨询公司等企业派员参加了宣讲会。

12月23日　中价协第六届理事会第三次常务理事会在京召开。100余位常务理事参加会议，各副理事长及秘书长吴佐民出席会议，会议由徐惠琴理事长主持。会议听取吴佐民秘书长2015年理事会工作报告及会员代表大会议程安排，审议通过了薛秀丽副秘书长关于秘书处薪酬制度的报告，审议并表决通过了"关于成立中价协信息化专业委员会的建议"、"关于设立《工程造价管理》期刊实体机构的建议"等重要事宜。

12月23日　中价协会员代表大会暨第六届理事会第三次理事大会在京召开。会议响应党中央勤俭办会、厉行节约的号召，会场简朴庄重，议程丰富高效。国家民政部民间组织管理局刘振国副局长、住建部标准定额司宋友春副司长出席会议并作重要讲话。来自全国各地300余名会员代表参加了会议，会议由徐惠琴理事长主持。

12月25日　为了研究工程造价专业人才的培养机制，促进行业持续健康发展，住建部组织专家在京召开了《工程造价专业人才培养与发展战略研究》课题初稿审查会。住建部标准定额司赵毅明处长、中价协秘书长吴佐民出席会议。

附录二

2015年重要政策法规清单

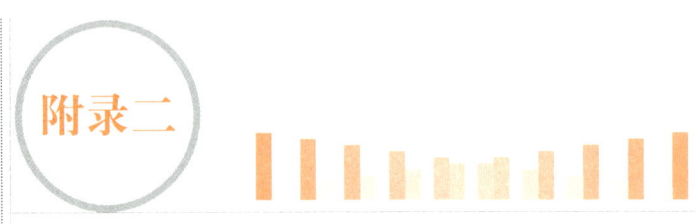

一、国务院

《中华人民共和国政府采购法实施条例》中华人民共和国国务院令第 658 号

二、国家发展和改革委员会

《基础设施和公用事业特许经营管理办法》国家发展和改革委员会 2015 年第 25 号令

《中央预算内直接投资项目概算管理暂行办法》发改投资 [2015]482 号

《国家发展改革委委托投资咨询评估管理办法（2015 年修订）》发改投资 [2015]1761 号

三、住房和城乡建设部

《建筑业企业资质管理规定》中华人民共和国住房和城乡建设部令第 22 号

《建设工程定额管理办法》建标 [2015]230 号

四、财政部

《政府和社会资本合作项目财政承受能力论证指引》财金 [2015]21 号

五、湖北省

《湖北省国有土地上房屋征收和补偿实施办法》湖北省人民政府令第 380 号

六、湖南省

《省预算内基本建设投资管理办法》湘发改投资 [2015]806 号

七、福建省

《福建省建设工程造价管理办法》省政府令第 164 号

八、浙江省

《浙江省工程造价咨询成果文件质量检查管理规定（试行）》浙建站市 [2015]54 号
《浙江省工程造价咨询企业信用评价细则》浙建站市 [2015]70 号

九、天津市

《天津市建设工程招标投标活动投诉处理办法》津建招标 [2015]298 号

十、黑龙江省

《黑龙江省房屋建筑和市政工程安全生产费用使用管理办法》黑建安 [2015]17 号

十一、河北省

《河北省招标代理机构监督管理办法》冀发改招标 [2015]274 号
《河北省招标公告发布管理办法》冀发改招标 [2015]275 号
《河北省建设项目招标方案和不招标申请报送和核准管理办法》冀发改招标 [2015]276 号
《河北省房屋建筑和市政基础设施工程招标投标投诉处理办法》冀建法 [2015]25 号

十二、河南省

《河南省住房城乡建设领域违法违规行为举报管理实施办法》豫建 [2015]33 号

十三、甘肃省

《甘肃省房屋与建筑市场基础设施工程施工招标投标资格审查管理办法》甘建建 [2015]436 号

十四、山西省

《山西省国有土地上房屋征收与补偿条例》山西省人民代表大会常务委员会公告第 23 号

十五、内蒙古自治区

《内蒙古自治区建筑企业资质管理实施办法》内建建 [2015]168 号

《内蒙古自治区建设工程招标投标服务中心评标专家库及评标专家管理办法》内建工 [2015]162 号

十六、陕西省

《陕西省政府与社会资本合作（PPP）项目库管理暂行办法》陕发改投资 [2015]1430 号

《陕西省房屋建筑和市政基础设施工程施工、监理招标投标办法》陕建发 [2015]226 号

附录三

造价咨询行业与注册会计师行业简要对比

一、企业总体情况对比

截至 2015 年 12 月 31 日,全国共有会计师事务所 8374 家,其中总所 7373 家,分所 1001 家。从地区分布情况看,广东(含深圳)、北京、山东会计师事务所(含分所)的数量居前三位,分别为 816 家、636 家、599 家。全国合伙制事务所(含分所)共有 3689 家,占比由 42.3% 上升至 44.05%,有限责任制事务所(含分所)共有 4685 家。如附图 3-1、附表 3-1 所示。

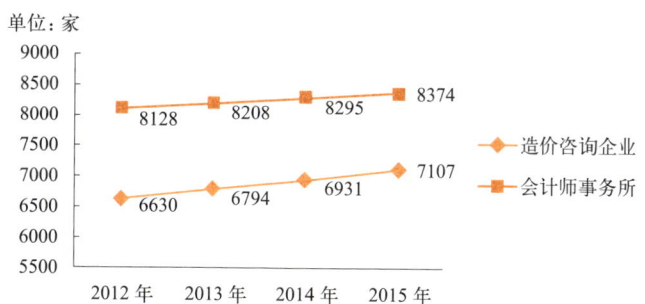

附图3-1　2012~2015年造价咨询企业和会计师事务所数量变化图

2015年造价咨询企业和会计师事务所数量排名前三的省份信息表　　附表3-1

排名	造价咨询企业			会计师事务所		
	省份	数量(家)	占全国比例	省份	数量(家)	占全国比例
第一名	江苏	594	8.37%	广东	816	9.74%
第二名	山东	574	8.08%	北京	636	7.59%
第三名	四川	401	5.65%	山东	599	7.15%

二、从业人员情况对比

截至 2015 年 12 月 31 日,中注协共有注册会计师 101376 人。从地区分布情况看,北京注册会计师数量最多,有 12762 人,占全国总数的 12.73%,其次是广东和四川。从学历结构看,本科及以上学历的注册会计师共 51294 人,占比上升至 50.6%。其中,本科学历的共 45670 人,占 45.05%,硕士学历的共有 5123 人,占 5.05%,博士学历的共 501 人。大专学历的注册会计师共 50082 人,占注册会计师总数比例由 51.09% 下降至 49.40%。此外,中注协非执业会员已达 113715 人,其中包括 537 名外国及港澳台地区非执业会员。如附图 3-2、附表 3-2 所示。

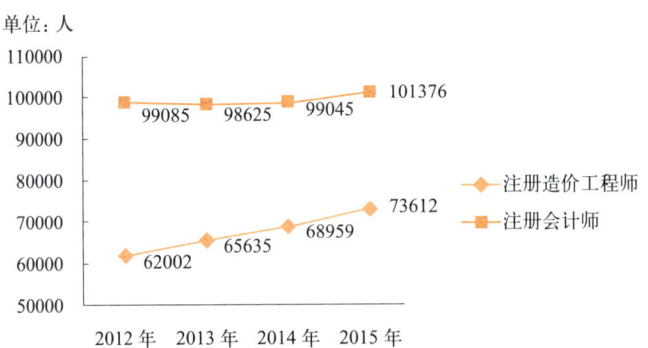

附图3-2 2012～2015年全国注册造价工程师和注册会计师人数比较

2015年全国注册造价工程师和注册会计师数量排名前三的省份信息表　　附表3-2

排名	注册造价工程师			注册会计师		
	省份	数量(人)	占全国比例	省份	数量(人)	占全国比例
第一名	江苏	6772	9.20%	北京	12762	12.59%
第二名	山东	5287	7.18%	广东	9028	8.91%
第三名	北京	4512	6.13%	四川	6356	6.27%

三、业务收入情况对比

2015 年注册会计师行业实现业务收入 689.71 亿元,比上年增长 14.27%。在

附录三 造价咨询行业与注册会计师行业简要对比

当年的会计师事务所综合评价前百家中有 49 家企业业务收入超过 1 亿元，其中排名第一的普华永道中天会计师事务所业务收入达 41.17 亿元，收入排名前 5 的企业行业市场集中度为 26%。2015 年造价咨询企业业务收入过亿元的有 35 家，其中排名第一的上海东方投资监理有限公司造价咨询业务收入达 3.41 亿元，收入排名前 5 的企业行业市场集中度为 2.61%。如附图 3-3、附表 3-3 所示。

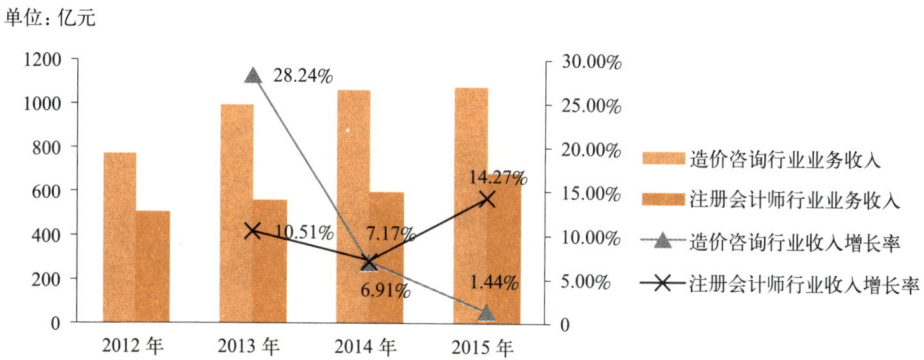

附图3-3 2012～2015年造价咨询行业和注册会计师行业营业收入及增长率比较

2015年造价咨询行业和注册会计师行业排名前五企业业务收入对比　　附表3-3

排名	造价咨询行业			注册会计师行业		
	企业名称	业务收入（万元）	占行业总收入比例（%）	企业名称	业务收入（万元）	占行业总收入比例（%）
第一名	上海东方投资监理有限公司	34135.44	0.661	普华永道中天会计师事务所	411733.06	5.970
第二名	信永中和（北京）国际工程管理咨询有限公司	28220.03	0.547	瑞华会计师事务所	403014.91	5.843
第三名	中国建设银行股份有限公司深圳市分行	27050.64	0.524	德勤华永会计师事务所	332477.32	4.821
第四名	天职（北京）国际工程项目管理有限公司	24134	0.467	立信会计师事务所	350168.6	5.077
第五名	北京华建联造价工程师事务所	21130.57	0.409	安永华明会计师事务所	296071.83	4.293

四、人才培养情况对比

2015年中价协和中注协人才培养情况对比　　　　　　　　　附表3-4

	中国建设工程造价管理协会	中国注册会计师协会
继续教育	3月份协会在深圳举办了香港测量师学会会员互认为内地造价工程师继续教育培训班，共有159名互认合格及在内地执业的香港测量师学会会员参加；6月25日，协会组织召开全国造价工程师继续教育与专业人员培养工作会议，就《关于改进造价工程师继续教育形式的五点意见》向参会代表进行了宣讲	举办7期远程教育培训班，培训2.74万人次；委托3所国家会计学院举办各类培训班51期，培训注册会计师7800余人次；在新疆、甘肃、广西、宁夏、海南等地开展"送教西部"活动，培训注册会计师1160余人次；依托上海国家会计学院对海外非执业会员进行网络继续教育培训
领军人才培养	根据协会章程及《中国建设工程造价管理协会个人会员管理办法（试行）》等有关文件规定，开展了首批资深会员的认定工作，经过评定专家委员会对申报人员资料、资格和条件等情况的审核，有236人成为中价协首批资深会员，并在此基础上，于年底前开展了第二批资深会员的认定工作	完成注册会计师行业领军人才选拔培训、第十期行业领军人才赴境外培训、主任会计师班二期领军人才毕业总结考核等培训工作。组织行业领军人才参加第十次全国会计领军人才联合集中培训。总结行业领军人才培养十年工作经验，配合编写"领军人才课题丛书"。推荐领军人才进入国际后备人才库和担任培训师资，加强领军人才的跟踪服务和使用
后备人才培养	为全面提升管理机构后备干部和业务骨干的专业水平，于2015年10月在天津理工大学举办了第二期工程造价管理机构技术骨干培训；全年对国标《建设工程造价咨询规范》和《工程造价咨询合同（示范文本）》开展多场次宣贯会议，前后培训专业人员3000多名；在江苏徐州和天津举办了首届全国高等院校工程造价技能及创新竞赛	完成2015年度注册会计师专业方向师资培训班，开展项目十周年总结和纪念活动；持续跟进2014年度境外实习学生跟踪培训工作，组织完成"2015年注册会计师专业方向学生境外实习"项目学生选拔，64名优秀学生入选
企业核心人才培养	为推动工程造价咨询企业提升核心竞争力，促进企业做好核心人才培养工作，7月在北京召开工程造价咨询企业核心人才培训与交流会议，通过培训达到推进企业多元化发展，提升工程造价咨询成果文件成果，促进企业人才培养的目的，也通过此举创新行业高端人才培养的新模式	

五、行业信息化建设对比

近年来，工程造价咨询行业和注册会计师行业都非常重视行业的信息化建设，以下是两个行业2015年度信息化建设的成果展示。

附录三　造价咨询行业与注册会计师行业简要对比

工程造价咨询行业和注册会计师行业信息化建设对比　　　　　附表3-5

工程造价咨询行业	为提高行业信息化整体应用水平，提升企业管理效率，减轻企业数据上报负担，减少信息系统的重复开发建设，避免资源浪费，组织开发基于云端的工程造价咨询企业资源管理系统（ERP）。 　　工程造价信息服务平台筹建工作取得突破性进展，主要业务板块的初步设计基本完成。为避免打破已形成平衡的造价信息发布体系，信息平台定位为服务会员的主要工具之一，且在材料信息的发布范围上做出相应界定，发布决定工程造价外延部分的建筑材料价格信息。 　　利用协会期刊、网站和微信平台等媒介加强对行业政策、法律法规、热点和难点问题研究的宣传力度，协会网站及时发布行业资讯，全年共发布信息418条，微信公众平台上线至今，关注人数已接近两万人
中注册会计师行业	完善行业信息化顶层设计。成立注册会计师行业信息化专家顾问组，组织开展对行业管理信息系统进行评估，对协同办公系统进行需求分析，完成《行业管理信息系统评价报告》、《协同办公系统需求设计报告》。制定《行业信息化建设下一阶段工作方案》，起草完成《注册会计师行业信息化建设规划（2016—2020年）》（讨论稿）。 　　推进会计师事务所信息化建设。开通法律法规库信息公众号，新增或更新年报审计要求与指引、中国税法回顾与展望等专题栏目，增加新三板、港股、美股的深度数据，提供财务数据、价值分析、市场表现等个性化数据分析工具，提高法律法规库和经济数据库的应用水平和实施效果。 　　夯实注协网络信息安全基础。制定实施《信息系统安全运行管理暂行办法》，根据国家信息安全等级保护三级标准提升中注协网络信息安全防护能力，完成网络信息安全综合改造。开展行业管理信息系统功能优化与运维，确保高清视频会议系统、远程教育培训系统、中注协网站的安全运行

附录四 典型行业优秀企业简介

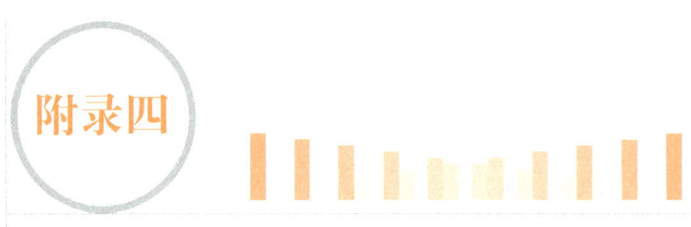

北京兴中海建工程造价咨询有限公司

北京兴中海建工程造价咨询有限公司（以下简称"兴中海建"）是经建设部批准在北京兴中海会计师事务所（1997年成立）工程造价咨询部的基础上，于2003年4月成立的具有独立法人资格、具备工程造价咨询甲级资质的工程造价咨询单位，从2005年起一直是全国百强造价咨询公司之一，在2015年全国工程造价咨询企业造价咨询业务收入排名中位列第25位，在2015年北京市工程造价咨询企业排名中位列前十。公司注册资本500万元，具有工程造价咨询、工程咨询、招标代理、司法鉴定等多项资质，拥有一支专业、团结、敬业和高效的人才团队，现有专业人员350多人，其中造价工程师70多人。目前，公司业务面向全国，已在天津市、重庆市、陕西省、四川省、海南省、江西省设立了分公司。

一、塑优良企业文化，以核心价值观赢得良好社会声誉

企业文化解决的是企业生存和发展的问题，体现的是企业经营管理的核心主张以及由此产生的组织行为，优良的企业文化将起到积极的导向、凝聚、激励、约束、调适作用，有助于加速企业战略的实现和竞争力的形成。兴中海建自成立以来，一直坚持"独立、客观、公正"的执业原则，恪守"正直、正义、诚信"的核心价值观，遵循为客户提供"优质、高效、满意、专业"的服务理念，切合国家发展战略和重大战略部署，以专业取胜为经营方针，实现成为行业顶尖专业机构的战略目标。

20年的坚守，兴中海建赢得了客户的广泛赞誉，诚信等级为AAA，目前主要客户包括国务院机关事务管理局、全国人大机关事务管理局、中直机关机关事务管理局、财政部、审计署、国家税务总局、中国人民银行等国家部委；北京市及区审计局、财政局、发改委、国土局、地税局、高级人民法院，陕西省财政厅、西安市财政局，南昌市及区县财政局等部分省市政府机关；中国科学院、社会科学院、航天科工集团、航天科技集团等科研机构；北京大学、中国人民大学、中国人民公安大学、中国戏曲学院、中国地质大学、北京林业大学、北京工商大学南开大学等高等院校；中国银行、中国农业银行、国家开发银行、广发银行、中国人寿等金融保险机构；人民日报社、五矿集团、中节能集团、国电集团、中海油集团、海航集团、万达集团、华夏幸福集团、正大集团等企事业单位。兴中海建已成为行业知名度和美誉度高的中介咨询机构。

二、立"做大家的企业"愿景，以"开放、合作、共赢"经营方针做强做大

企业经营方针是贯彻企业经营思想和实现经营目标的基本途径和指导规范，是针对某一时期企业所面临的重要问题而采取的指导性原则，正确的企业经营方针能有效整合各种资源，有计划实现企业的经营目标。兴中海建旨在提高行业的影响力，在组织架构、管理模式、团队建设、协同管理方面确定了经营思想和经营目标。

兴中海建实行总经理总负责制和业务部总经理经营管理制度，构建了总经理、业务部总经理、部门经理、项目负责人的四级组织机构，各级向上级负责，各级各负其责，各级均由注册造价师担任，实现专业导向、专业取胜，确保服务的专业性。

兴中海建通过项目实施来锻炼、选拔人才，公司依据项目特点、规模、重要性配备合适的业务人员，授予业务人员相应的权限；通过项目总结和管理培训来培养人才，提升项目经理的管理水平；通过典型案例分析、同类项目数据库、业务交流、问题讨论的方式来提升项目团队的专业服务水平。公司设置绩效考核制度，为优秀的员工提供晋升渠道；已启动股改，为核心团队提供共同发展、共同成长的平台。

兴中海建与同属于兴中海集团的北京兴中海会计师事务所有限公司、北京中海盛资产评估有限公司、北京中海新智国际管理咨询有限公司和北京中海税通税务师事务所有限公司一道，可为客户提供财务审计、资产评估、管理咨询和税务服务等一站式的专业化服务，并在内部管理上建立了协同管理机制，能快速、灵活地为客户解决经营方面的疑惑。

三、树全员风险意识，以专业取胜理念打造核心企业竞争力

风险意识反映企业与员工对风险的理解与态度，风险具有普遍性、客观性、损失性、不确定性和社会性，要求企业及其员工提高风险意识来积极主动地识别主要风险、考虑风险产生的后果并加以规避或减小风险。兴中海建建立了包括业务质量保障体系、职业道德规范、人力资源管理、业务执行、业务档案管理、监督与控制在内的风险管理体系，确保了服务质量得到全面管控。

兴中海建的质量方针是公平、公正、诚信、严谨、合法、优质、追求零缺陷服务，为此，公司进行了品质体系的认证，通过了ISO9001：2008质量管理体系认证、ISO14001环境管理体系认证、OHSAS职业健康安全管理体系认证；进行了规章制度的建设，建立了服务质量与风险的控制与管理程序和《企业标准体系》，成立了专业技术委员会、质量标准部和专家顾问组；进行了技术支持的搭建，研发了造价咨询管理CCPM系统和指标系统以及造价预测软件，开通了企业材价信息平台和多个材价询价通道，建立了项目案例库和数据库，开展了定期的员工专业技术培训、不定期的企业管理者管理培训。

兴中海建的整体专业服务能力包括为企事业单位提供工程造价咨询服务；为财政部及地方各级财政部门提供财政投资评审；为审计署及地方各级审计部门提供工程造价审计；为各级法院、仲裁委提供造价鉴定；为各级发改委提供工程咨询；为军工企业提供涉密项目造价咨询或审计；为各级发改委或财政局提供PPP咨询；为企业提供建筑信息模型（BIM）技术应用；建设项目设计方案、施工图技术经济优化；项目前期目标成本及盈利测算；招标、采购等工作的管理评审；合约规划；数据指标分析以及造价相关专业培训等服务。兴中海建已形成了能提供建设项目全寿命周期各阶段、不同委托对象、不同专业深度的综合咨询服务机构。

四、铸工匠精神，以精品服务展示企业社会责任担当

工匠精神就是追求卓越的创造精神、精益求精的品质精神、用户至上的服务精神，打造本行业最优质的产品。李克强总理在2016年《政府工作报告》中说，鼓励企业开展个性化定制、柔性化生产，培育精益求精的"工匠精神"。兴中海建把提高服务品质作为企业担当的一份社会责任，通过项目服务向客户提供行业优质的产品。

在20年的发展历程中，兴中海建践行产品的质量是企业生存的基础，参与了大量重点建设项目的审计或咨询服务，其中有国家级重点工程，如京沪高铁项目、奥林匹克森林公园项目、世界月季园主题公园项目、世界园艺博览会工程、APEC雁栖湖会议中心工程、西气东输工程、七常委办公厅和议事厅工程、贵州球面射电望远镜、审计署新办公大楼等；有省、市级重点工程，如北京10号、15号线地铁线，北京市政府东迁拆迁工程，北京园林博览会主展馆和北京馆项目，天坛祈年殿项目，北海公园琼华岛项目，颐和园佛香阁项目，中国藏语系高级佛学院等；有大型企业级重点工程，如北汽奔驰发动机生产车间、中国农业银行北方数据中心、京能集团内蒙古2X350MW火电厂、江苏东台60MW太阳能电站、中节能汕头潮南垃圾焚烧发电厂、北京平谷300万羽蛋鸡生产基地、远洋LAVIE别墅、泛海国际二期、亚林西居住区土地一级开发及回迁房项目、北京通州万达广场、华夏幸福潮白河喜来登酒店、葫芦岛首创·龙湾等。

多年对品质的追求，兴中海建的服务得到许多客户的肯定，北京奥林匹克公园中心区工程的结算工作荣获了奥组委授予的"先进集体"荣誉称号，在北京市审计局的地铁5号线、10号线中介机构审计考评中位列前三名，被亚太经合组织会议北京市筹备工作领导小组授予了"荣誉证书"。兴中海建成为了业务范围覆盖面广、具有相当竞争力和品牌效应的咨询企业，正为客户和社会提供更多的精品。

兴中海建把行业发展视为自身责任的一部分，而行业的发展离不开国家政策的指导，造价咨询企业离不开行业协会的领导，兴中海建多年来一直是中价协和

京价协的先进会员单位,且致力于更紧密地参与行业协会的事务,在中价协第三届优秀工程造价成果奖评选中,"北京大学留学生公寓项目全过程造价咨询"荣获一等奖,同时还录制成造价工程师继续教育选修课件;多次安排造价师协助协会完成造价员的考试阅卷工作等,在企业发展方向上、行动上和思想上,保持与国家战略、行业协会规划一致。

在造价咨询行业面临着投资模式、造价管理模式的不断创新的情况下,兴中海建将在行业协会的领导下,努力创新,提供更为专业的咨询服务,力争成为造价咨询行业的领军企业。

江苏正中国际工程咨询有限公司

"正,做人之准则,浩然之气;中,做事之本分,不偏不倚,无中不正也。"江苏正中国际工程造价咨询有限公司,秉承"独立公正、服务至上、诚信务实、高效廉洁"的服务宗旨和"质量第一,信誉至上"的经营理念,于1993年应运而生。

经过20多年的艰苦创业,如今的"江苏正中"已是拥有五个子公司的集团化企业,执业范围包括工程造价咨询、工程招标代理、工程咨询、工程监理、财务审计、房地产估价、管理咨询、税务咨询等中介业务。业务范围涵盖工民建、铁路、电网、水电、通信、水利、交通、化工等各行业。

公司拥有一支专业齐全、审计经验丰富的专家团队,审计信誉优良,连续多年进入全国工程造价咨询百强企业。公司是江苏省造价咨询"AAAAA"级信用企业、南京市工程造价协会会长单位、南京市造价咨询"十佳企业",通过了ISO 9001 质量管理体系认证、ISO14001 环境管理体系认证、OHSAS 18001 职业健康安全管理体系认证三标认证。

一、紧跟政治经济形势,明确战略定位

咨询企业的发展壮大与宏观经济形势休戚相关,国家发展战略是咨询企业发展的方向,为国家的建设发展服务是公司的荣耀。公司全体深入学习和贯彻国

家的重大决策部署,在思想上、政治上、行动上始终与国家战略保持一致,服从行政主管部门和行业协会的统一领导。关注宏观经济走势,注重把握经济社会发展规律,及时掌握咨询企业市场动态,充分了解国家战略发展规划,特别是国家"十三五"规划纲要中提出的社会经济发展目标,以此为依据确定企业重点发展的方向和领域。在这一背景下,明确了自己的发展思想,找准了企业发展方向,通过调整内部结构,整体业务资源,发挥企业整体功能,逐步形成了铁路、水利水电、电力、市政、交通、工民建等几大板块的国内市场,成为具有较强品牌效应和核心竞争力的行业咨询机构。近年来,国家为促进区域经济的协调发展,规划建设了长江三峡工程、长江深水航道、南水北调工程、西气东输工程、特高压输电线路、京沪高铁等,江苏正中正是紧跟国家发展战略这一方向,依据自身专业优势,积极参加了上述国家重点工程的审计、审核,使我司在全国市场的知名度和美誉度不断提升。

二、紧扣市场脉搏,奋力做大做强

公司始终坚持做功向内、眼睛向外,巩固老市场,发展新业务,不断开拓咨询业务市场,公司现有业务呈现出市场范围广、区域辐射远、重点工程多、投资造价高等特点。一是积极拓展业务领域。公司业务从传统的建筑工程咨询服务,拓展到了水电工程、水利工程、火电工程、铁路工程、交通港口码头工程、市政交通工程、石化工程、电网、通信工程等邻域,业务范围和邻域不断扩展。二是积极交通介入全国市场。立足江苏,面向全国。积极了解各省的中介机构市场态势,项目投资状况,积极参与投标竞标,主动走出去,广泛推介自己、宣传自己,先后成立了成都分公司、广西分公司、浙江分公司、天津分公司、上海分公司、北京分公司、安徽分公司、西安分公司等,目前业务范围已遍及全国 26 个省、市、自治区。三是与重点客户建立稳定合作关系。注重加强与重点客户、重点项目的业务沟通,巩固合作关系,不断提升合作层次。公司通过投标,先后进入了财政部、审计署、原铁道部(铁路总公司)、国家烟草总局、国家税务总局、中国三峡总公司、中国水电建设集团新能源开发公司等部门的中介机构库,及省财政厅、审计厅、国土资源厅和市有关部门的中介机构备选库,2016 年底入选 PPP 中介机构库。

三、抓紧管理创新，打造精品团队

坚持以构建现代化企业制度为远景目标，不断创新管理，整合人力资源，实现了业务经营规模化、专业资质最高化、人员结构合理化、项目团队精品化，适应了业务规模快速发展的需求，为打造百年正中奠定了基础。一是实行集团化管理模式。在组织架构、人员设置、项目管理上采取集中管理，杜绝挂靠，不搞松散型的管理方式，坚持决策民主化、权利智慧化、裁决效率化、执行迅速化、监督全员化，保证项目的质量和时效，形成协同作战的综合实力和核心竞争力。二是搭建好领导班子。"群雁高飞头雁领"，领导的能力、魄力及魅力非常关键，公司要求领导班子成员做到不仅注重提高自己的个人能力，还在重大决策中体现出应有的魄力，同时在业务接洽中展现出独到的魅力。公司推行了总经理负责制、副总经理签发制、项目负责人复核制的三级管理机制的班子体系，将每一个项目经由项目负责人复核后，副总经理签发，总经理掌握全局。三是重视员工业务培训。每年定期邀请业内专家、高校教授对公司员工进行业务知识培训，详细讲解国家、省、市造价部门新的政策、法规、计算规则等，并通过对相关个体案例的剖析，进行讨论和交流，从基础工作着手，增强员工的业务水平及能力，不断涌现出一批会干事、能干事的骨干队伍，并请保密专业机构定期进行保密工作。四是打造优秀项目团队。针对不同邻域、不同项目特点，合理配置业务人员，强化团队合作，达到了每一个项目团队出成果、出成绩、出精品的效果。公司在参加西气东输项目审计中，正是凭借团队的精诚合作，踏实做事，取得了骄人的成绩，材料上报后总书记亲笔进行批示，并得到了国家审计署的高度赞赏。

四、紧促企业文化，树立诚信品牌

企业文化是企业提升的核心竞争力。自江苏正中公司创立以来，我们就高度重视企业文化建设，致力于打造诚信经营品牌。一是树立企业核心价值观。充分认识到我们所服务的政府、服务的社会，对我们的要求越来越高、越来越严、越来越细，只有树立好企业的价值观，才能更准确地把握社会发展对中介服务的新期待新要求，才能更好地为政府、为社会服务。公司所确立的核心价值观是"质量第一，诚信至上"。二是加强员工廉洁文化建设。公司虽然是中介服务机构，但在工作中或多或少的遇到各种诱惑，这就要求我们不断加强员工个人价值观的改造，在严守审计署"八不准"要求的基础上，进一步提升廉洁自律意识，公司在参加的各类审计项目中，多人多次主动上缴被审单位所送的财物。三是构建统一的视觉识别系统。公司在参加各种项目审计时，对员工进行了统一着装、统一行动、统一形象等要求，通过视觉系统的统一规范，进一步强化了企业的凝聚力，从而为我司不断取得新的、更好的成绩打下了坚强的基础。四是树立诚信服务品牌。在业务开展中公司坚持公平竞争，尊重同行，尊重客户，维护了公司的良好形象。公司始终坚持"诚信服务，规范从业"的理念，先做事后交朋友，朋友在哪里公司的业务延伸到哪里，业务就拓展到哪里。

近年来江苏正中公司坚持文化引领，坚持改革创新，坚持科学发展，综合实力不断增强，经营业绩连创新高，服务特色不断创新，品牌效应明显提升，取得了社会效益和经济效益的同步增长，探索出了一条具有正中特色的创新发展的新路子。在今年正值国家"十三五"规划的开局之年，也是中介行业实现新一轮大发展的关键之年。机遇与挑战并存，江苏正中将在各级政府和行业协会的统一领导下，改革创新，奋发有为，为树立咨询企业良好形象、服务经济社会发展、开创全国造价事业新局面而做出应有的贡献。

上海沪港建设咨询有限公司

上海沪港建设咨询有限公司隶属于沪港国际咨询集团，经过多年发展，沪港已成为专业从事工程咨询、造价咨询、招标代理、政府采购、司法鉴定、审计咨询、评估咨询的大型综合性现代服务业企业，近年来，沪港相继获得全国文明单位、全国五一劳动奖状、全国模范劳动关系和谐企业、全国巾帼文明岗、全国招标代理机构诚信创优AAAAA先进单位、全国工程造价咨询企业营业收入百强第一名、中国最具竞争力招标机构百强第六名、中国造价行业最具竞争力招标机构第一名等荣誉称号，沪港国际咨询集团党委书记、董事长郭康玺获国务院特殊津贴专家、优秀中国特色社会主义事业建设者、上海市人大代表、上海市优秀党务工作者、全国劳动模范等荣誉。

本着"客户第一，沪港第二"服务宗旨，沪港不断追求质量优胜，效率率先、转型升级、创新超越，打造一流的执业能力和品牌价值，形成了大平台、大管理、大创新、大文化的发展格局和竞争优势。

一、大平台是"基"，实现专业咨询全覆盖

"沪港"工程、审计、评估、估价四大业务板块联动，实现以客户需求为核心的"服务"战略，"沪港"领导带领员工认真认识市场、了解客户的现有与潜在需求，并将此导入企业的经营理念和经营过程之中，不断为客户提供超出行业标准的期望值，形成差异化竞争优势。根据客户需求，"沪港"提供菜单式、全过程、一条龙等多种服务模式，"菜单式服务"：规划咨询、项建书、可研、估算、概算、预算、工程量清单的制价、招标代理、政府采购、投资（财务）监理、竣工结算审核；"全过程服务"：项目管理、全过程造价控制；"一条龙服务"：前期咨询和竣工决算、招标代理和投资控制、清单编制和结算审核、工程咨询和财务监理等。

依靠大平台，"沪港"不断开发专业服务行业的"高地"，做高产业链，向高端化发展，以满足客户高端化的需求。做政府专业顾问，为政府"简政放权"提供决策咨询服务；做政府审计顾问，机关事业单位内控制度建设，经济责任审计中的建设项目管理评判，离任审计中的招投标行为评定，为政府审计管理保驾护航；做政府咨询"军师"，从项目规划、决策、实施、验收、运营、管理做政府的"全科医生"。如：某区新城规划咨询、城市设计招标有效控制前期投资；某大居180亿元总投资，土地储备成本审计，核减5181.36万元；为专业性极强涉及民生的供排水项目提供投资监理、审计服务，节约投资率超过20%。

二、大管理是"道"，创造价值夺竞争优势

多年来，沪港已构建集团化、专业化、标准化的管理体系，通过管理增强核心竞争力。

"集团化集中管理"：建立项目统一管理制度，对客户高度负责，反应机制快速有效。充分发挥公司的综合优势，统一的集团管理，统一的人员调配，统一的

项目管理，形成战之能胜的团队，在同行业中率先建立了项目集中管理制度，采用先进的内部项目管理系统软件，从项目承接、人员安排、项目进行、报告出具、客户反馈等全方面来进行动态管理，早已告别单兵作战的小作坊模式，充分发挥大公司团队作战的优势，保证了项目的时效和质量，尤其是大规模、时间紧的项目，集中管理体现出的高效率团队作战能力得到委托方的一致认可。

"技术专业化管理"：支撑一，"咨询成果数据管理"，建立实际市场价格要素资料库、实际结算工程指标数据库、建立新型建筑（如装配式建筑）造价指标、建立绿色建筑造价指标个性库、全覆盖的苗木数据库、审计问题案例库、合同范本库、专家资源库等。支撑二，"新技术、新业务研究"，如：BIM 计量、计价规则研究；建立基于 PPP 条件下工程造价控制模式；建设项目绩效评价指标体系设计；司法鉴证的时效标准与规范等。支撑三，"业务成果化管理"，每年 260 个条线总结报告；每年 90 个专业报告；每年出一本公司业务规范汇编；每年组织专业论坛。支撑四，"信息化和网络化建设成为强有力支撑"，实现 OA 与多专业板块的融合管理平台；全方位的项目立项、实施进展、合同执行、报告审核、成果归档监控；向项目参与单位开放的协同平台设计。

"执业标准化管理"：举措一，"延伸到核稿体系的标准建设"，成立标准室，核稿专业细分、流水化作业，总结归纳的十八大常见病、多发病，发布《核稿问题半月谈》。举措二，"界面管理、合同管理"，从招标策划阶段开始的界面管理，有效防范投资控制盲区，合同范本体系建设，培育业主的项目管理能力，让业主始终处于主动地位，职业律师成为项目组成员之一，过程中规避法律风险，成为索赔处理、反索赔的行家。举措三，"职级分层"，每年通过考试考核，对专职招标业务人员进行职级分层和核定职级，职级分为：初级计量员、中级计量员、高级计量员、助理专业师、专业工程师二级、专业工程师一级、项目经理等七个职级。各职级职责明确，考核量化，促进业务发展更精细、更专业。举措四，"时效管理"，制定项目时效标准、建立超时效单管理制度，每月召开项目汇报会，总师、部门经理 100% 掌控，三个月以上项目部门经理亲自协调解决，建立五级审核限时，各级审核不超过 24 小时，对修改报告时间考核，修改报告不得超过两天。

三、大创新是"法",专业发展才是硬道理

"沪港"不断解决发展中的专业、质量问题,创新业务管理,进行了以下业务创新,有效提升专业价值及服务质量。

"量价分离":将计量与计价分离,由计量员按照计量依据,对工程实体的工程量做出正确的计算;由专业工程师按照约定的计价模式,正确计算项目全部费用。推行量价分离的模式,使得专业成果更精准、更高效,另一方面,计量、计价相互制约,从机制体制上确保建设资金安全。

"背靠背计量":对于财政资金项目、复审项目、备案项目、建安投资超过3000万项目实行背靠背计量。背靠背要求对同一项目由两个计量组同步计量,由专业工程师对两套计算稿核对,找出差错原因,最终确定工程量。

"五级控制":实行主审、项目经理一级审核→部门经理二级审核→专业委员会三级审核→专业总师四级审核→主管总师五级审定的质量控制体系,对于重大、异常、问题项目还要增加总师会审及董事长签批环节。

"总师会审":对于以下五类项目必须通过总师会汇报审核:(1)核减率小于15%的工程审价项目;(2)建安造价(送审)在1000万以上的项目,或土建专业单项送审金额大于800万元,或安装专业单项送审金额大于200万元的项目;(3)价格备案项目;(4)复审的项目;(5)投诉的项目。

"质量评审100%":建立质量评审制度,如审价报告质量评审从工程量、定额(单价)、费率、材料价格、核增部分依据和正确性、报告文字等方面进行评审打分,如招标文件质量评审从招标方式、标段划分、投标人资质要求、承包方式、计价模式、合同模式、材料供应方式、评标方法、报告文字等方面进行评审打分。并将打分结果计入质量档案、纳入个人、部门考核。

四、大文化是"擎",推动企业发展健康化

多年来,沪港积极践行社会主义价值观和"忠诚、创新、卓越、无私"的企业价值观融于决策及其发展的始终;独具特色的党建文化、做人文化、改革文化、批评文化、诚信文化、人才文化、廉洁文化、质量文化、管理文化、感恩文化、

团队文化、创新文化成为"沪港"靓丽的风景线。

"党建文化":党建从业务工作入手,开展"业务冲刺活动",实现产值增长20%的目标。从人才培养入手,用"老三篇"精神引导"红"与"专",积极塑造新时代的小雷锋、小白求恩、小愚公。从项目服务入手,开展"优质项目竞赛",提供优质服务、创立优秀品牌。从组织建设入手,开展"党内托管",加强党员管理,"业务工作拓展到哪里,党的组织就建到哪里"。从共建活动入手,开展"结对共建活动",机关共建、楼宇联建、项目合建、个人互建,促进专业队伍的廉洁、正气。从解决突出问题入手,开展"先锋行动活动",解决不愿到外地工作、不善于管理等问题。

"做人文化":孝敬父母、尊重老师,过年过节别忘了给父母发条信息、买份礼物;主动帮助老师擦桌子、倒水……要做一个高尚的、懂礼仪有修养的人。

"改革文化":打破传统的"师父带徒弟、单兵操作"模式,推出"集体带教"的大学生体制改革,实行业务细分、量价分离,在中国大陆率先做到了与国际先进审计理念的接轨。

"批评文化":每周中层干部例会上,都会对干部发生的问题进行通报,并张贴于文化长廊的白榜上,持续21年的清明"批评与自我批评",要求领导干部人人"过关"。日常工作中每个干部要做到"常洗澡、常照镜子",并及时整改。形成了有效的纠错机制,提升了干部的自身修养和管理能力,同时大大提升了作为"不穿制服经济警察"的公信力。

"诚信文化":"把项目交给沪港做就是放心,因为沪港是一家政治上可靠的企业",这是很多客户对沪港的印象和评价。诚信作为沪港人追求的信条贯穿审计、评估、造价、咨询等的全过程。如新三板上市前审计,发现一些单位是两套账,其中有一套账是假账,而且被审计单位还与审计单位挑明了。尽管该项目一年可以赚几百万,但沪港人坚决不做。"沪港"人以一流的职业道德,与政府、社会一起,打造了政府、企业和个人良性互动的诚信链条,受到社会好评。

"人才文化":董事会始终坚持"给想干事的人以平台,给能干事的人以舞台,给干成事的人以讲台",党团、行政、专业三通道,对于每一位沪港人来说机会都是均等的,任何人不需要"拼爹"、不需要论资排辈,只要有一颗积极上进的心,与公司同心同德,梦想有多大,舞台就有多大,所以沪港大批年轻人能够"任性"成长,甚至有了94年出生的模拟经理。

"廉洁文化":建立廉洁风险防控机制。如建章立制,杜绝制度机制风险;实行"量价分离、专业细分",降低业务流程风险;开展廉洁文化及职业道德教育,控制思想道德风险;建立廉洁预警机制,防范岗位职责风险;组织道德讲堂活动,把开展道德实践活动与培育廉洁价值理念相结合……不受贿,不吃请,不介绍关联业务,"沪港"的廉洁工作得到了社会各界的肯定。

沪港大平台、大管理、大创新、大文化,成为沪港最活跃的因素,不仅起到了增强员工凝聚力、向心力的作用,还转化为强大的生产力,有力地推动了企业的发展壮大。

天津广正建设项目咨询股份有限公司

天津广正建设项目咨询股份有限公司(以下简称"公司")是一家专业从事工程咨询、投融资咨询、项目管理、造价咨询、招投标代理、节能服务及资产管理等一体化服务的综合性工程咨询公司。公司始终坚持"安全、节能、高效、优质"的经营理念,"节约社会资源、实现企业价值"的发展战略目标。

一、广筑中华业,正兴百年计

公司成立于2014年3月1日,注册资本1000万元,是天津广正源通投资控股有限公司旗下控股子公司,坐落在中国发展第三增长极城市的天津,"广筑中华业,正兴百年计"为公司致力于长远发展的宗旨,指引着广正人的前行之路。

十二余载,公司把握国家经济政策,树立和落实创新的发展理念,积极融入京津冀协同发展的重大国家战略,注重创新驱动发展,坚定信心,攻坚克难,迄今业务范围已覆盖全国大部分省市,服务于区域开发、高速公路、轨道交通、市容环境、燃气热力、教育文体及房地产开发等诸多领域。凭借着卓越的专业水准和业绩,公司已取得工程咨询、工程造价、工程招标代理与中央投资项目招标代理四项甲级资质,全国政府采购代理机构甲级资格,机电产品国际招标代理机构资格，天津市建委认定的项目管理资格及天津市财政性投资基本建设及投资评审机构资格，并分别于2006年获得ISO9001质量管理体系认证、2016年获得天津科学技术委员会颁发的天津市科技型中小型企业认证证书。

作为一家规模化的咨询企业，公司内部组织结构合理、权责明确、管理科学、激励和约束机制并行，一直秉承"人才是咨询企业首要资源，人才团队是企业竞争力的核心"的理念，实施"选、育、用、留"的人才管理制度，汇集了一批具有系统化知识体系、实战化操作模式的业界精英。其中，研究生、本科以上学历人员占比达90%，专业资质人员占比达90%，并由一支强有力的领导班子带领组成团结一致、同心协力的团体。显著的人才优势，已成为公司的核心竞争力，进而为公司的可持续化发展提供了有效的空间。

公司始终秉持着"客观、高效、专业、创新"的工作态度，以不断进取的精神，面对市场竭诚为客户提供全方位、高品质的服务，赢得了社会与市场的高度认同。

二、质量根基扎实，经营业绩卓越

自成立以来，公司持之以恒地把抓质量与服务当作第一要务，充分发挥人才优势，注重产学研相结合的技术创新体系，完成项目数量众多，业务范围广泛，积累了丰富的实践经验，具有优良的客户满意度，累计涉及项目投资近2000亿元，为客户乃至社会节约了大量的资源，进而也实现了企业的自身价值。

在工程造价方面，涵盖工程估算、概算、工程量清单与施工图预算、全过程造价控制及结算审核等业务类型。公司曾完成众多大、中型国家重点发展项目的造价咨询任务，如曾为天津地铁1、2、3、5、6、10号线工程提供概算、预算、造价监控及结算造价咨询服务，并为天津住房保障有限公司经济适用房项目提供全过程监控服务，始终贯彻"安全、节能、高效、优质"的经营理念，坚持质量与服务并重，良好的业绩成果备受业内外人士的好评。

公司的工程咨询业务，涵盖投资机会研究、项目建议书、可行性研究报告、项目申请报告、项目后评价、绩效评价及社会稳定风险分析报告等业务类型。多年来公司完成的工程咨询项目数量众多，完成成果备受社会各界的高度重视，并给予肯定与荣誉，如庆铁线改造工程社会稳定风险分析报告获得2015年度天津市优秀工程咨询成果二等奖、天津滨海新区海河开启桥项目后评价报告荣获2015年度天津市优秀工程咨询成果三等奖、滨海新区公共空间规划管理政策专题研究荣获天津市2014年度优秀工程咨询成果一等奖。

公司工程招标代理业务，涉及建设工程、政府采购与中央投资项目三类业务类型。工程招标代理业务为公司重点发展业务之一，在公司发展中有着不可或缺的作用，更受到社会各界的肯定，如公司荣膺2014年度天津招标机构首选品牌、2014年度中国最具竞争力招标机构百强、2014年度中国招标代理优质服务奖。

同时公司率先创新开展节能服务及资产管理两类新型业务。分别从事于用能评估、能源审计及节能项目的实施等服务，城市基础设施养护管理、各种社会资产评估、资产技术状况评定、城市基础设施建设投融资咨询等服务，促进了公司业务链的延伸，拓宽了业务范围。

凭借卓越的管理与服务，公司已与天津城投集团、天津地下铁道集团、天津滨海中心商务区投资集团、天津市房地产发展集团、天津高速公路集团、天津市政建设集团、中新天津生态城投资开发有限公司、中国石油天然气股份有限公司等大型企业建立了战略合作关系，成为天津大型市政建设企业单位首选合作伙伴。与此同时，公司被中国建设工程造价管理协会评为企业信用AAA等级，在中国招标投标协会2016年组织的招标代理机构信用评价预评审中获得3A级，历年来公司完成的业绩成果屡获国家级、天津市优秀成果一等奖、二等奖等奖项。

公司注重行业内外交流，积极为行业发展献计献策，公司连续几届获得中招协诚信先进单位、中价协先进会员单位，并且注重校企合作、产学研结合，与天津大学、天津理工大学、天津财经大学等院校合作，作为教学实践基地，实现了紧密合作。通过与业内外的深入交流，提高了公司的品牌影响力，有助于市场拓展，促进市场份额的进一步提高。

三、坚持务实创新，追求志高气远

随着我国工程咨询业的发展，市场竞争日趋激烈，未来发展中公司将通过提供卓越的管理与服务尽全力维护好与长期合作伙伴的战略合作关系，同时还将从专业技术创新与资本市场相融合的经营理念出发,充分运用资本市场的融资能力,以市场为导向,探索创新与公司契合的新路径来提升核心竞争力,以促进企业快速可持续化发展。公司未来发展主要注重以下方面:

一是加强BIM(建筑信息模型)技术与理念的探索研究与应用。发展中,公司将加大BIM技术的研究力度、注重BIM技术的应用,促进工程项目全生命周期内信息的集成化管理,优化资源配置,降低人力成本,实现项目数据的最精益化管理。

二是积极参与PPP(政府与社会资本合作)模式项目建设。经过充分认识并研究,积极投身到PPP项目建设中,诸如公路、市政等基础设施PPP项目建设。公司能够将高效的管理方法与技术引入项目,缩短项目建设周期,降低项目运作成本,助推政府PPP项目的实施,保障国家利益。

三是充分运用电子招投标平台。这一平台有助于提升企业业务模式的标准化,延伸业务需求,引导创造新供给,创造新业态。未来公司将注重并加强电子招投标平台的运用,以提高企业招投标业务的效率、降低运营成本。

四是提高自主创新能力。自主创新能力旨在运用"互联网+"理念,创新管理模式、创设新型业务,目前公司独立定制研发ERP系统,已实现了公司内部业务流程的优化管理,研发的各个子系统在成功应用的同时获得了6项国家计算机软件著作权,同时公司于2016年获得了天津科学技术委员会颁发的天津市科技型中小型企业认证证书,未来将顺应"互联网+"发展趋势,注重工程咨询领域O2O产品的开发应用,推动公司内部管理及上下游企业合作模式的转型升级。

五是注重业务链整合。公司可通过将项目策划、项目管理、工程咨询、招标代理、造价咨询、工程监理等全流程业务整合起来为业主提供覆盖项目建设全周期的系统服务,通过资源整合来提高建设管理效率,进而为客户带来一体化的服务体验。

六是注重业务区域开发。目前公司已形成"立足天津,辐射全国"的市场布局,还将通过不断设立分公司及收购公司的形式对外扩张,并抓住"一带一路"建设的历史机遇,积极主动"走出去",开拓国际市场,提质增效,打开企业业务发展区域，降低业务区域集中带来的风险，进而提升企业发展空间及转型升级。

历经十二余载的千锤百炼，我司在管理团队的带领下，正确认识经济发展形势，聚集人气，理顺人心，加快整改步伐，加大管理力度，着力打造核心竞争力，紧抓市场的有利时机，不畏市场的严峻挑战，持之以恒地把抓质量当作第一要务，注重产学研相结合的技术创新体系，取得了辉煌的业绩，亦逐步成为政府战略规划与企业成长发展中不可或缺的智囊团之一。

在未来的发展中，公司将坚定发展信心，大力推进创新驱动发展，促进企业转型升级和提质增效，津京冀协同发展与PPP项目等国家战略推行的历史机遇，通过业务整合与创新、技术与理念的完善升级及业务区域范围外拓等方式方法的运用，加强企业的竞争能力，规避市场风险，提升企业发展空间，并以满腔的热忱为实现广正"立足本土、走向世界"的发展战略目标而奋进。

四川开元工程项目管理咨询有限公司

2003年，伴随着中国经济高速发展的浪潮，一个致力于工程建设成本管理的中介机构——四川开元工程项目管理咨询有限公司（以下简称"开元咨询"）破茧而出，从此展开华丽的翅膀，一路向上。

十三年来，开元咨询以"为客户创造价值，为员工搭建平台，为社会承担责任"为使命，践行"诚信、专业、创新、卓越"核心价值观，不忘初心，砥砺奋进，发展成为拥有九个造价事业部、十五个分公司、两个子公司、一个建筑职业技能培训学校、员工600余人的大型综合性公司；执业范围包括工程管理咨询（包括造价咨询、招标代理、项目管理、PPP项目咨询、建设工程造价司法鉴定等）、会计审计咨询、建筑职业技能培训、文化传媒等四大板块；业务范围涵盖房建、市政、城市轨道交通、民航机场、水利水电等领域。

开元咨询是中国建设工程造价管理协会理事单位、中国财政学会公私合作研究专业委员会会员单位、中国水利工程协会会员单位、四川省造价工程师协会常务理事单位、四川省建设工程项目管理协会理事单位、四川省工程建设招标投标协会会员单位；拥有工程造价甲级资质、军工涉密业务咨询服务备案证书等。

开元咨询连续七年被评为四川省造价工程师协会"优秀咨询企业",四川省造价工程师协会2015年度营业收入排名跻身第一,荣登2015年度四川省工程造价咨询企业能力和信用综合评价排行榜榜首,2015年中国工程造价管理协会年度营业收入排名第19位。

一、把握宏观经济精准战略定位

作为建设工程领域造价咨询服务机构,及时把握好国家宏观经济发展趋势,掌握市场动态,调整企业战略定位,这是造价咨询企业能够在激烈的市场竞争中不断做大做强的首要保证。

党的十八大以来,中国经济进入新常态,国家实施"一带一路"发展战略,继续实施西部大开发和供给侧改革,给造价咨询企业带来巨大的发展空间。

开元咨询紧紧围绕经济建设这个中心,按照《工程造价行业十三五规划(草案)》要求,结合企业实际,制定了"政府机构+房企"双轮驱动,"立足四川,深耕西部,选择东进"的进攻性发展战略;确立了"以造价管理为核心,实现一站式工程管理咨询以及PPP咨询、会计审计咨询、建筑职业技能培训、文化传媒等多元化发展"的运营理念;提出了"成为中国领先的一站式工程管理咨询服务商"宏伟愿景,努力向十三五规划期内成为全国10家可承接国际工程咨询业务、产值过10亿的大型企业目标迈进。

二、发挥综合优势实现做大做强

开元咨询集十三年发展历程,在专业能力、综合信用评价、客户口碑等方面具有极强的实力和良好的信誉,为政府投资项目、大型房地产开发项目、机场、城市轨道交通等领域提供优质可靠的服务。

紧随"一带一路"战略,开元咨询在中国中西部布局十五个分公司;当政府和社会资本合作(PPP模式)成为当前稳增长、促改革、调结构的重要举措,各级政府力推之际,开元咨询率先进入这一新兴咨询服务领域,于2015年初组建PPP咨询事业部。建立了超过200人的专家库,覆盖基础设施、能源电力、投融资、项目管理、企业改革、经济财务、法律等领域,得到众多院士、高校教授、业内资深专家的支持,为把握咨询方向、保证咨询质量、提升咨询价值发挥着重要作用。

开元咨询入选四川省财政厅、湖南省财政厅、重庆市财政厅、江西省财政厅、青海省财政厅、湖北省财政厅、成都市政府与社会资本合作服务中心、兰州市财政局、乌鲁木齐市财政局PPP咨询库；参与主编《双赢之道——政府与社会资本合作（PPP）项目全过程咨询手册》；被中国建设工程造价管理协会确定为《PPP项目工程造价咨询业务指南》两家主编单位之一。

2016年以来，开元咨询成功协办了中价协主办的《政府与社会资本合作（PPP）模式》专题论坛、先后承办了成都市、绵阳市等地《政府与社会资本合作（PPP）模式》专题讲座，邀请知名专家普及PPP咨询知识、推广PPP模式应用。

在PPP咨询服务中，开元咨询先后承担了能源、市政、农业、安居工程、交通运输、综合管廊、海绵城市、水利等工程项目PPP咨询等30多个项目，投资金额近千亿元。为进一步开展PPP咨询积累了丰富的经验。

三、推动管理创新建设精品团队

开元咨询始终坚持"以改革促发展、向管理要效益"的指导思想，推动管理创新，努力建设一支专业齐全、经验丰富、作风过硬的专家团队和充满热情与朝气的优秀员工队伍。

一是优化人力资源结构，优化用人机制，员工队伍向着一专多能的高素质、复合型方向发展。按照市场化的要求来不断完善人才选拔使用、人才引进、人才培养和人才激励机制，为人才施展才华搭建平台，为人才发挥作用创造条件，激发员工的积极性和创造性，使人才的价值得到充分体现。

二是坚持员工专业技能培训，促进知识结构更新，满足工作需要。进入开元咨询的员工，从入职培训开始，就开始了持续不断的培训学习。这既是公司员工培训的制度规定，也是员工之间相互交流、相互学习的主动要求。员工培训做到解决实际操作问题为主，针对性强，讲究实效，同时进行BIM技术、信息技术等前沿科技方面的学习提升，培训的方式方法逐步向着规范化、科学化方向发展。

三是提升员工个人品牌形象，着力打造金牌项目经理。为规范公司员工行为，树立良好的企业品牌形象，开元咨询建立员工个人信用档案，制定"开元咨询十不准"行为规范。通过打造金牌项目经理，带动项目部整体建设，提升员工综合素质，形成务实、高效、能战、廉洁的精品团队。

四、深耕企业文化促进诚信建设

一个企业如同一个家庭，开元咨询以"大家庭"文化内涵深耕企业文化，在亲如兄弟姐妹的良好文化氛围里，公司形成了"诚信、专业、创新、卓越"的共同核心价值观，用心服务、追求卓越，满足客户需求、提升服务水平。

企业文化的内涵通过每年一次的员工户外拓展、员工运动会、员工新春年会、开元爱心基金会捐赠、优秀员工奖励旅游、公司企业识别系统、企业内刊、企业网站、企业微信公众号、QQ 群等多种载体、甚至每一位员工的生日贺卡等诸多细微的方面展示在每一位员工的眼前，无处不在，让员工感受、感知、认同、参与，并且愿意为企业的发展贡献出自己的一份力量，形成公司发展的巨大动力。

开元咨询坚持走创新发展之路，苦练内功，把握时代前进脉搏，各项工作开创崭新局面，营业收入一年一个新台阶，综合实力不断增强，品牌形象大力提升。

展望未来，开元咨询将努力按照《工程造价行业十三五规划（草案）》要求，继续深化内部改革，加强团队建设和企业文化建设，进一步做大做强企业，为中国建设工程造价咨询行业健康发展做出积极贡献。